高等学校计算机基础教育教材精选

Python程序设计
任务驱动式教程

张迎新 肖媛媛 姚春莲 司慧琳 孙践知 编著

清华大学出版社

北 京

内 容 简 介

本书以简练的语言、简单易懂的任务,将学习 Python 语言必须掌握的知识进行了分类归纳。书中的每个任务解决一个问题,每个任务涉及若干知识点。初学者需要先模仿任务,获得直接体验,然后再学习和任务直接相关的知识。通过一个单元接着一个单元的模仿、学习,读者能够逐步形成完整的知识体系。

全书共 10 章,主要讲解基础知识和基本应用技巧,内容涉及 Python 的基础知识,包括基本语法、输入输出、数据类型、流程控制、函数、文件;还涉及 Python 的应用知识,如第三方库的使用等。本书在Python 版本的选用上进行了折中,第 1~9 章采用 Python 2.7.x,第 10 章采用 Python 3.7。

本书主要面向初学者,可以作为非计算机专业大学生的教学用书,也可以作为自学者的参考书。

图书在版编目(CIP)数据

Python 程序设计任务驱动式教程/张迎新等编著. —北京:清华大学出版社,2021.10(2023.1重印)
(高等学校计算机基础教育教材精选)
ISBN 978-7-302-59186-3

Ⅰ. ①P… Ⅱ. ①张… Ⅲ. ①软件工具—程序设计—高等学校—教材 Ⅳ. ①TP311.561

中国版本图书馆 CIP 数据核字(2021)第 187089 号

责任编辑:谢 琛
封面设计:何凤霞
责任校对:焦丽丽
责任印制:曹婉颖

出版发行:清华大学出版社
      网　　址:http://www.tup.com.cn,http://www.wqbook.com
      地　　址:北京清华大学学研大厦 A 座　　　邮　　编:100084
      社 总 机:010-83470000　　　　　　　　邮　　购:010-62786544
      投稿与读者服务:010-62776969,c-service@tup.tsinghua.edu.cn
      质量反馈:010-62772015,zhiliang@tup.tsinghua.edu.cn
      课件下载:http://www.tup.com.cn,010-83470236
印 装 者:三河市铭诚印务有限公司
经　　销:全国新华书店
开　　本:185mm×260mm　　印　　张:14.5　　字　　数:337 千字
版　　次:2021 年 11 月第 1 版　　　　　　印　　次:2023 年 1 月第 3 次印刷
定　　价:49.00 元

产品编号:092682-01

Python 是一种代表简单主义思想的语言，它能用尽量少的代码完成更多的工作。Python 语法简单，易于学习，而且具有免费开源、跨平台性强、第三方库丰富、胶水语言等优点，它被广泛应用于多个领域。它可以作为初学者学习计算机程序设计语言的首选。

在学习 Python 的过程中，初学者可能会感到知识体系繁杂，一时间难以厘清思路，分不清重点，看得懂代码却写不出代码等。为了解决上述问题，本书给初学者提供了一个事半功倍的学习方法，即采用任务驱动的方式讲解知识的应用。学习者可以根据一个一个短小精悍的任务，以"先操作、后学习；先模仿、后提高"的模式，在"做中学"的过程中体验学习的乐趣，从而达到学习的目的。

市面上的 Python 教材多以 Python 3.x 为主要版本，基本看不到 Python 2.x 的踪影。本书兼顾两个版本。基础知识的介绍以 Python 2.7 为主(Python 2.7.18 是 Python 2 的最后版本，也算是对"绝唱版本"的一个纪念)；应用知识(小游戏、海龟作图、第三方库的使用)以 Python 3.x 为主。

本书共 10 章，主要讲解基础知识和基本应用技巧，内容涉及 Python 的基础知识，包括基本语法、输入输出、数据类型、流程控制、函数、文件；还涉及 Python 的应用知识：游戏、第三方库的使用。

本书是集体智慧的结晶。孙践知编写了第 1、2 章，肖媛媛编写了第 3、4 章，姚春莲编写了第 5、6 章，司慧琳编写了第 8、9 章，张迎新编写了第 7、10 章。除封面署名的作者外，陈丹、宫树岭、李帮庆、孙永梅也参加了编写工作。

本书力求贴近实际应用，尽量用简练的语句和清楚的叙述来指导读者，循序渐进地学习每一个案例。但由于时间仓促，以及编者水平所限，书中难免存在错误和不妥之处，请读者批评指正。

作　者

2021 年 5 月于北京工商大学

目录

第 1 章　你好 Python ·· 1
1.1　软件和程序 ··· 1
1.2　编程 ·· 1
1.3　程序设计语言 ··· 2
　　1.3.1　程序设计语言的分类 ·· 2
　　1.3.2　高级语言的分类 ··· 3
1.4　Python 语言 ·· 3
　　1.4.1　Python 的诞生 ·· 3
　　1.4.2　Python 的版本 ·· 4
　　1.4.3　Python IDE 开发工具 ·· 4
1.5　任务一　搭建 IDLE 环境 ·· 5
　　1.5.1　任务目标 ·· 5
　　1.5.2　操作步骤 ·· 5
　　1.5.3　必备知识 ·· 7
　　　　1.5.3.1　IDLE 主窗口 ··· 7
　　　　1.5.3.2　IDLE 主题样式 ··· 8
1.6　任务二　输出"Hello,World!" ··· 9
　　1.6.1　任务目标 ·· 9
　　1.6.2　操作步骤 ·· 9
　　1.6.3　必备知识 ··· 11
　　　　1.6.3.1　程序运行方式 ··· 11
　　　　1.6.3.2　对文件的操作 ··· 12
1.7　任务三　输出特殊字符 ·· 13
　　1.7.1　任务目标 ··· 13
　　1.7.2　操作步骤 ··· 14
　　1.7.3　必备知识 ··· 14
　　　　1.7.3.1　print 语句 ·· 14
　　　　1.7.3.2　转义字符 ··· 15
1.8　任务四　输出中文 ·· 15
　　1.8.1　任务目标 ··· 15
　　1.8.2　操作步骤 ··· 15

1.8.3　必备知识 ·· 16

    1.8.3.1　中文字符的处理 ····································· 16

    1.8.3.2　Python 语言的学习方法 ·························· 16

1.9　小结 ··· 17

1.10　动手写代码 ··· 17

第 2 章　Python 语言基础知识 ·································· 19

2.1　任务一　人生有多长 ·· 19

  2.1.1　任务目标 ·· 19

  2.1.2　操作步骤 ·· 19

  2.1.3　必备知识 ·· 20

    2.1.3.1　变量与变量名 ·· 20

    2.1.3.2　变量的命名规则 ····································· 20

    2.1.3.3　变量的赋值 ·· 20

    2.1.3.4　变量的引用 ·· 21

    2.1.3.5　变量的输出 ·· 22

2.2　任务二　重量单位转换 ·· 22

  2.2.1　任务目标 ·· 22

  2.2.2　操作步骤 ·· 22

  2.2.3　必备知识 ·· 23

    2.2.3.1　数据类型 ·· 23

    2.2.3.2　数字类型之间的运算 ································ 25

    2.2.3.3　程序的输入 ·· 25

    2.2.3.4　程序的输出 ·· 26

2.3　任务三　考试成绩 ··· 28

  2.3.1　任务目标 ·· 28

  2.3.2　解决步骤 ·· 28

  2.3.3　必备知识 ·· 29

    2.3.3.1　表达式 ·· 29

    2.3.3.2　算术运算符 ·· 29

    2.3.3.3　复合赋值运算符 ····································· 30

    2.3.3.4　关系运算符 ·· 30

    2.3.3.5　逻辑运算符 ·· 31

    2.3.3.6　运算符优先级和结合性 ····························· 33

    2.3.3.7　内置函数 ·· 34

2.4　任务四　邮政编码解析 ·· 35

  2.4.1　任务目标 ·· 35

  2.4.2　解决步骤 ·· 35

2.4.3 必备知识 ……………………………………………………… 36

　　2.4.3.1 Python 程序的书写规则 ………………………………… 36

　　2.4.3.2 注释的妙用 ……………………………………………… 36

　　2.4.3.3 算法的概念 ……………………………………………… 37

2.5 任务五 椭圆的面积和周长 …………………………………………… 38

　2.5.1 任务目标 ……………………………………………………… 39

　2.5.2 解决步骤 ……………………………………………………… 39

　2.5.3 必备知识 ……………………………………………………… 39

　　2.5.3.1 math 标准库 …………………………………………… 39

　　2.5.3.2 math 库的引用 ………………………………………… 40

　　2.5.3.3 查看标准库的内容 ……………………………………… 41

　　2.5.3.4 程序的简单开发流程 …………………………………… 41

2.6 小结 …………………………………………………………………… 42

2.7 动手写代码 …………………………………………………………… 42

第3章 选择结构 …………………………………………………………… 44

3.1 任务一 马拉松成绩 …………………………………………………… 44

　3.1.1 任务目标 ……………………………………………………… 44

　3.1.2 操作步骤 ……………………………………………………… 44

　3.1.3 必备知识 ……………………………………………………… 45

　　3.1.3.1 单分支 if 语句格式和执行过程 ……………………… 45

　　3.1.3.2 单分支 if 语句使用说明 ……………………………… 45

　　3.1.3.3 Python 缩进规则 ……………………………………… 46

3.2 任务二 闰年 …………………………………………………………… 47

　3.2.1 任务目标 ……………………………………………………… 47

　3.2.2 操作步骤 ……………………………………………………… 47

　3.2.3 必备知识 ……………………………………………………… 47

　　3.2.3.1 双分支 if 语句格式和执行过程 ……………………… 47

　　3.2.3.2 双分支 if 语句使用说明 ……………………………… 48

3.3 任务三 空气质量指数 ………………………………………………… 48

　3.3.1 任务目标 ……………………………………………………… 48

　3.3.2 操作步骤 ……………………………………………………… 48

　3.3.3 必备知识 ……………………………………………………… 49

　　3.3.3.1 多分支 if 语句格式和执行过程 ……………………… 49

　　3.3.3.2 多分支 if 语句使用说明 ……………………………… 49

3.4 任务四 出租车费用 …………………………………………………… 50

　3.4.1 任务目标 ……………………………………………………… 50

　3.4.2 操作步骤 ……………………………………………………… 50

3.4.3 必备知识 ……………………………………………… 51
3.4.3.1 if 语句的嵌套 ……………………………… 51
3.4.3.2 pass 语句 ……………………………………… 52
3.5 小结 ……………………………………………………………… 53
3.6 动手写代码 ……………………………………………………… 53

第 4 章 循环结构 ………………………………………………………… 54
4.1 任务一 格里高利公式计算 π 值 …………………………… 54
4.1.1 任务目标 …………………………………………………… 54
4.1.2 操作步骤 …………………………………………………… 54
4.1.3 必备知识 …………………………………………………… 55
4.1.3.1 while 语句格式和执行过程 …………………… 55
4.1.3.2 while 语句使用说明 …………………………… 55
4.2 任务二 流星雨年历 …………………………………………… 56
4.2.1 任务目标 …………………………………………………… 56
4.2.2 操作步骤 …………………………………………………… 56
4.2.3 必备知识 …………………………………………………… 57
4.2.3.1 for 语句格式和执行过程 ……………………… 57
4.2.3.2 range() 函数 …………………………………… 57
4.2.3.3 for 语句使用说明 ……………………………… 57
4.3 任务三 鲜花送祝福 …………………………………………… 59
4.3.1 任务目标 …………………………………………………… 59
4.3.2 操作步骤 …………………………………………………… 59
4.3.3 必备知识 …………………………………………………… 60
4.2.3.1 循环嵌套的语句格式 …………………………… 60
4.2.3.2 循环嵌套的执行 ………………………………… 60
4.2.3.3 循环嵌套使用说明 ……………………………… 60
4.4 任务四 无人机编队 …………………………………………… 61
4.4.1 任务目标 …………………………………………………… 61
4.4.2 操作步骤 …………………………………………………… 61
4.4.3 必备知识 …………………………………………………… 62
4.4.3.1 循环的中断 ……………………………………… 62
4.4.3.2 break 语句 ……………………………………… 62
4.4.3.3 continue 语句 ………………………………… 63
4.5 任务五 素数 …………………………………………………… 63
4.5.1 任务目标 …………………………………………………… 63
4.5.2 操作步骤 …………………………………………………… 63
4.5.3 必备知识 …………………………………………………… 64

　　　　4.5.3.1　循环中的 else 语句 ·· 64

　　　　4.5.3.2　判断素数的算法 ·· 66

4.6　小结 ·· 67

4.7　动手写代码 ·· 67

第 5 章　字符串 ·· 68

5.1　任务一　数字和英文的对应 ·· 68

　　5.1.1　任务目标 ·· 68

　　5.1.2　操作步骤 ·· 68

　　5.1.3　必备知识 ·· 68

　　　　5.1.3.1　字符串数据类型 ·· 68

　　　　5.1.3.2　字符串的索引 ·· 70

5.2　任务二　身份证信息解析 ·· 71

　　5.2.1　任务目标 ·· 71

　　5.2.2　操作步骤 ·· 71

　　5.2.3　必备知识 ·· 72

　　　　5.2.3.1　字符串的切片 ·· 72

　　　　5.2.3.2　利用切片逆序输出字符串 ······································· 73

5.3　任务三　输出图案 ··· 73

　　5.3.1　任务目标 ·· 73

　　5.3.2　操作步骤 ·· 73

　　5.3.3　必备知识 ·· 74

　　　　5.3.3.1　字符串的拼接 ·· 74

　　　　5.3.3.2　字符串的复制 ·· 74

5.4　任务四　查找元音字母 ·· 74

　　5.4.1　任务目标 ·· 74

　　5.4.2　操作步骤 ·· 75

　　5.4.3　必备知识 ·· 75

　　　　5.4.3.1　字符串的判断运算符 ·· 75

　　　　5.4.3.2　字符串的遍历 ·· 76

5.5　任务五　最大字符和最小字符 ··· 77

　　5.5.1　任务目标 ·· 77

　　5.5.2　操作步骤 ·· 77

　　5.5.3　必备知识：字符串的常用内置函数 ································· 78

5.6　任务六　翻转数和回文数 ·· 79

　　5.6.1　任务目标 ·· 79

　　5.6.2　操作步骤 ·· 79

　　5.6.3　必备知识 ·· 80

　　　　　5.6.3.1　字符串与其他类型的转换函数 ·················· 80

　　　　　5.6.3.2　字符串的进制转换函数 ·················· 81

　5.7　任务七　玫瑰有几许 ·················· 81

　　　5.7.1　任务目标 ·················· 81

　　　5.7.2　操作步骤 ·················· 82

　　　5.7.3　必备知识 ·················· 82

　　　　　5.7.3.1　count()方法 ·················· 83

　　　　　5.7.3.2　find()方法 ·················· 83

　　　　　5.7.3.3　index()方法 ·················· 84

　5.8　任务八　单词分割 ·················· 84

　　　5.8.1　任务目标 ·················· 84

　　　5.8.2　操作步骤 ·················· 84

　　　5.8.3　必备知识 ·················· 85

　　　　　5.8.3.1　replace()方法 ·················· 85

　　　　　5.8.3.2　split()方法 ·················· 86

　　　　　5.8.3.3　join()方法 ·················· 86

　　　　　5.8.3.4　字符串的不可变性 ·················· 86

　5.9　任务九　用户名是否存在 ·················· 87

　　　5.9.1　任务目标 ·················· 87

　　　5.9.2　操作步骤 ·················· 87

　　　5.9.3　必备知识 ·················· 88

　　　　　5.9.3.1　upper()方法 ·················· 88

　　　　　5.9.3.2　lower()方法 ·················· 88

　　　　　5.9.3.3　title()方法 ·················· 88

　5.10　任务十　合法的变量名 ·················· 89

　　　5.10.1　任务目标 ·················· 89

　　　5.10.2　操作步骤 ·················· 89

　　　5.10.3　必备知识 ·················· 90

　　　　　5.10.3.1　判断字符串类型的方法 ·················· 90

　　　　　5.10.3.2　判断以指定字符串开头或结尾的方法 ·················· 91

　　　　　5.10.3.3　删除字符串中多余字符的方法 ·················· 91

　5.11　任务十一　10以内加法题 ·················· 92

　　　5.11.1　任务目标 ·················· 92

　　　5.11.2　操作步骤 ·················· 92

　　　5.11.3　必备知识 ·················· 93

　5.12　小结 ·················· 93

5.13 动手写代码 ‥‥‥‥‥‥‥‥‥‥‥‥‥‥‥‥‥‥‥‥‥‥‥‥‥‥ 94

第6章 列表与元组 ‥‥‥‥‥‥‥‥‥‥‥‥‥‥‥‥‥‥‥‥‥‥‥‥ 96

6.1 任务一 花园里的花 ‥‥‥‥‥‥‥‥‥‥‥‥‥‥‥‥‥‥‥‥ 96

6.1.1 任务目标 ‥‥‥‥‥‥‥‥‥‥‥‥‥‥‥‥‥‥‥‥‥‥ 96

6.1.2 操作步骤 ‥‥‥‥‥‥‥‥‥‥‥‥‥‥‥‥‥‥‥‥‥‥ 96

6.1.3 必备知识 ‥‥‥‥‥‥‥‥‥‥‥‥‥‥‥‥‥‥‥‥‥‥ 97

6.1.3.1 列表数据类型 ‥‥‥‥‥‥‥‥‥‥‥‥‥‥ 97

6.1.3.2 列表的输出 ‥‥‥‥‥‥‥‥‥‥‥‥‥‥‥ 98

6.1.3.3 列表的索引与访问 ‥‥‥‥‥‥‥‥‥‥‥ 99

6.2 任务二 素数 ‥‥‥‥‥‥‥‥‥‥‥‥‥‥‥‥‥‥‥‥‥‥‥ 99

6.2.1 任务目标 ‥‥‥‥‥‥‥‥‥‥‥‥‥‥‥‥‥‥‥‥‥‥ 99

6.2.2 操作步骤 ‥‥‥‥‥‥‥‥‥‥‥‥‥‥‥‥‥‥‥‥‥ 100

6.2.3 必备知识：列表元素的添加 ‥‥‥‥‥‥‥‥‥‥‥ 100

6.3 任务三 评分计算 ‥‥‥‥‥‥‥‥‥‥‥‥‥‥‥‥‥‥‥‥ 101

6.3.1 任务目标 ‥‥‥‥‥‥‥‥‥‥‥‥‥‥‥‥‥‥‥‥‥ 101

6.3.2 操作步骤 ‥‥‥‥‥‥‥‥‥‥‥‥‥‥‥‥‥‥‥‥‥ 101

6.3.3 必备知识 ‥‥‥‥‥‥‥‥‥‥‥‥‥‥‥‥‥‥‥‥‥ 103

6.3.3.1 列表元素的排序 ‥‥‥‥‥‥‥‥‥‥‥‥ 103

6.3.3.2 列表切片 ‥‥‥‥‥‥‥‥‥‥‥‥‥‥‥ 103

6.3.3.3 列表元素的删除 ‥‥‥‥‥‥‥‥‥‥‥‥ 104

6.3.3.4 列表常用的内置函数 ‥‥‥‥‥‥‥‥‥ 105

6.3.3.5 列表的输入 ‥‥‥‥‥‥‥‥‥‥‥‥‥‥ 106

6.4 任务四 学生成绩 ‥‥‥‥‥‥‥‥‥‥‥‥‥‥‥‥‥‥‥‥ 107

6.4.1 任务目标 ‥‥‥‥‥‥‥‥‥‥‥‥‥‥‥‥‥‥‥‥‥ 107

6.4.2 操作步骤 ‥‥‥‥‥‥‥‥‥‥‥‥‥‥‥‥‥‥‥‥‥ 107

6.4.3 必备知识 ‥‥‥‥‥‥‥‥‥‥‥‥‥‥‥‥‥‥‥‥‥ 108

6.4.3.1 嵌套列表 ‥‥‥‥‥‥‥‥‥‥‥‥‥‥‥ 108

6.4.3.2 列表元素的修改 ‥‥‥‥‥‥‥‥‥‥‥‥ 108

6.4.3.3 嵌套列表的计算 ‥‥‥‥‥‥‥‥‥‥‥‥ 108

6.5 任务五 系统登录判断 ‥‥‥‥‥‥‥‥‥‥‥‥‥‥‥‥‥ 108

6.5.1 任务目标 ‥‥‥‥‥‥‥‥‥‥‥‥‥‥‥‥‥‥‥‥‥ 108

6.5.2 操作步骤 ‥‥‥‥‥‥‥‥‥‥‥‥‥‥‥‥‥‥‥‥‥ 109

6.5.3 必备知识 ‥‥‥‥‥‥‥‥‥‥‥‥‥‥‥‥‥‥‥‥‥ 110

6.5.3.1 列表的基本运算 ‥‥‥‥‥‥‥‥‥‥‥‥ 110

6.5.3.2 列表的查找与统计 ‥‥‥‥‥‥‥‥‥‥‥ 111

6.6 任务六 元素出现频率 ·· 112
  6.6.1 任务目标 ·· 112
  6.6.2 操作步骤 ·· 112
  6.6.3 必备知识 ·· 113
    6.6.3.1 元组的概念 ····································· 113
    6.6.3.2 元组的操作 ····································· 114
6.7 小结 ·· 114
6.8 动手写代码 ·· 115

第7章 字典与集合 ·· 117
7.1 任务一 快递物流公司电话簿 ··· 117
  7.1.1 任务目标 ·· 117
  7.1.2 操作步骤 ·· 118
  7.1.3 必备知识 ·· 119
    7.1.3.1 字典的概念 ····································· 119
    7.1.3.2 字典的创建 ····································· 122
    7.1.3.3 字典的访问 ····································· 123
    7.1.3.4 字典的增加和修改 ································· 124
    7.1.3.5 字典的查找 ····································· 124
    7.1.3.6 字典的删除 ····································· 125
    7.1.3.7 字典的遍历 ····································· 125
7.2 任务二 英文词频分析 ·· 127
  7.2.1 任务目标 ·· 127
  7.2.2 操作步骤 ·· 127
  7.2.3 必备知识 ·· 128
    7.2.3.1 使用字典进行词频统计 ····························· 128
    7.2.3.2 使用 Counter 进行词频统计 ························· 129
7.3 任务三 学生基本信息表 ··· 130
  7.3.1 任务目标 ·· 130
  7.3.2 解决步骤 ·· 130
  7.3.3 必备知识 ·· 133
    7.3.3.1 在字典中嵌套字典 ································· 133
    7.3.3.2 在字典中嵌套列表 ································· 134
7.4 任务四 学生调查问卷 ·· 135
  7.4.1 任务目标 ·· 135
  7.4.2 解决步骤 ·· 136
  7.4.3 必备知识 ·· 137
    7.4.3.1 集合的概念 ····································· 137

　　　　7.4.3.2　集合的创建 ·· 138

　　　　7.4.3.3　集合的数学运算 ·································· 139

　　　　7.4.3.4　集合的操作 ·· 139

7.5　任务五　单词去重 ·· 142

　7.5.1　任务目标 ·· 142

　7.5.2　解决步骤 ·· 142

　7.5.3　必备知识 ·· 143

　　　　7.5.3.1　集合去重 ·· 143

　　　　7.5.3.2　字符串、列表、元组、字典和集合的异同点 ·········· 143

7.6　小结 ··· 144

7.7　动手写代码 ·· 144

第8章　Python 函数 ··· 146

8.1　任务一　不同半径的圆面积 ································ 146

　8.1.1　任务目标 ·· 146

　8.1.2　操作步骤 ·· 146

　8.1.3　必备知识 ·· 148

　　　　8.1.3.1　函数定义 ·· 148

　　　　8.1.3.2　函数调用 ·· 148

　　　　8.1.3.3　函数参数 ·· 149

　　　　8.1.3.4　函数返回值 ·· 149

　　　　8.1.3.5　函数对变量的作用 ································ 150

8.2　任务二　多个圆的应用 ·· 150

　8.2.1　任务目标 ·· 150

　8.2.2　操作步骤 ·· 150

　8.2.3　必备知识 ·· 152

　　　　8.2.3.1　带默认值的参数 ···································· 152

　　　　8.2.3.2　函数嵌套调用 ······································ 153

　　　　8.2.3.3　函数返回多个值 ···································· 153

　　　　8.2.3.4　可变参数 ·· 153

　　　　8.2.3.5　匿名函数 ·· 154

8.3　任务三　同心圆绘制 ·· 154

　8.3.1　任务目标 ·· 154

　8.3.2　操作步骤 ·· 155

　8.3.3　必备知识 ·· 156

　　　　8.3.3.1　递归调用 ·· 156

　　　　8.3.3.2　海龟绘图 ·· 157

8.4　任务四　快递物流公司电话簿 ······························ 158

8.4.1 任务目标 ······ 158

8.4.2 操作步骤 ······ 158

8.4.3 必备知识 ······ 160

8.4.3.1 可变参数 ······ 160

8.4.3.2 位置参数与关键字参数 ······ 161

8.5 小结 ······ 161

8.6 动手写代码 ······ 161

第9章 Python 文件 ······ 164

9.1 任务一 评分计算 ······ 164

9.1.1 任务目标 ······ 164

9.1.2 操作步骤 ······ 164

9.1.3 必备知识 ······ 166

9.1.3.1 文件类型 ······ 166

9.1.3.2 文件打开 ······ 166

9.1.3.3 文件关闭 ······ 166

9.1.3.4 文件读 ······ 167

9.2 任务二 英文词频统计 ······ 168

9.2.1 任务目标 ······ 168

9.2.2 操作步骤 ······ 168

9.2.3 必备知识 ······ 169

9.2.3.1 指定要返回的字符数 ······ 169

9.2.3.2 文件写 ······ 170

9.2.3.3 字符串的 format()方法 ······ 170

9.3 小结 ······ 171

9.4 动手写代码 ······ 171

第10章 从 Python 2 到 Python 3 ······ 173

10.1 任务一 搭建 Thonny 环境 ······ 173

10.1.1 任务目标 ······ 173

10.1.2 操作步骤 ······ 173

10.1.3 必备知识 ······ 175

10.1.3.1 编辑和运行程序 ······ 175

10.1.3.2 调试程序 ······ 175

10.2 任务二 拆分三位数 ······ 179

10.2.1 任务目标 ······ 179

10.2.2 操作步骤 ······ 179

10.2.3 必备知识 ······ 180

    10.2.3.1 运算符/和// ⋯⋯⋯⋯⋯⋯⋯⋯⋯⋯⋯⋯⋯⋯⋯ 180

    10.2.3.2 输入函数 input( ) ⋯⋯⋯⋯⋯⋯⋯⋯⋯⋯⋯⋯⋯⋯ 180

    10.2.3.3 输出函数 print( ) ⋯⋯⋯⋯⋯⋯⋯⋯⋯⋯⋯⋯⋯⋯ 181

    10.2.3.4 eval( )函数 ⋯⋯⋯⋯⋯⋯⋯⋯⋯⋯⋯⋯⋯⋯⋯⋯ 182

10.3 任务三 模拟轮盘抽奖 ⋯⋯⋯⋯⋯⋯⋯⋯⋯⋯⋯⋯⋯⋯⋯⋯⋯⋯ 183

  10.3.1 任务目标 ⋯⋯⋯⋯⋯⋯⋯⋯⋯⋯⋯⋯⋯⋯⋯⋯⋯⋯⋯⋯⋯ 183

  10.3.2 操作步骤 ⋯⋯⋯⋯⋯⋯⋯⋯⋯⋯⋯⋯⋯⋯⋯⋯⋯⋯⋯⋯⋯ 183

  10.3.3 必备知识 ⋯⋯⋯⋯⋯⋯⋯⋯⋯⋯⋯⋯⋯⋯⋯⋯⋯⋯⋯⋯⋯ 184

    10.3.3.1 生成随机浮点数 ⋯⋯⋯⋯⋯⋯⋯⋯⋯⋯⋯⋯⋯⋯⋯ 184

    10.3.3.2 生成随机整数 ⋯⋯⋯⋯⋯⋯⋯⋯⋯⋯⋯⋯⋯⋯⋯⋯ 185

    10.3.3.3 从序列中获取一个随机元素 ⋯⋯⋯⋯⋯⋯⋯⋯⋯ 185

    10.3.3.4 随机排列 ⋯⋯⋯⋯⋯⋯⋯⋯⋯⋯⋯⋯⋯⋯⋯⋯⋯⋯ 185

10.4 任务四 海龟作图 ⋯⋯⋯⋯⋯⋯⋯⋯⋯⋯⋯⋯⋯⋯⋯⋯⋯⋯⋯⋯ 186

  10.4.1 任务目标 ⋯⋯⋯⋯⋯⋯⋯⋯⋯⋯⋯⋯⋯⋯⋯⋯⋯⋯⋯⋯⋯ 186

  10.4.2 解决步骤 ⋯⋯⋯⋯⋯⋯⋯⋯⋯⋯⋯⋯⋯⋯⋯⋯⋯⋯⋯⋯⋯ 186

  10.4.3 必备知识 ⋯⋯⋯⋯⋯⋯⋯⋯⋯⋯⋯⋯⋯⋯⋯⋯⋯⋯⋯⋯⋯ 187

    10.4.3.1 turtle 库引入 ⋯⋯⋯⋯⋯⋯⋯⋯⋯⋯⋯⋯⋯⋯⋯⋯ 187

    10.4.3.2 绘图窗口 ⋯⋯⋯⋯⋯⋯⋯⋯⋯⋯⋯⋯⋯⋯⋯⋯⋯⋯ 188

    10.4.3.3 空间坐标体系 ⋯⋯⋯⋯⋯⋯⋯⋯⋯⋯⋯⋯⋯⋯⋯⋯ 188

    10.4.3.4 角度坐标体系 ⋯⋯⋯⋯⋯⋯⋯⋯⋯⋯⋯⋯⋯⋯⋯⋯ 189

    10.4.3.5 RGB 色彩模式 ⋯⋯⋯⋯⋯⋯⋯⋯⋯⋯⋯⋯⋯⋯⋯⋯ 190

    10.4.3.6 turtle 画笔控制函数 ⋯⋯⋯⋯⋯⋯⋯⋯⋯⋯⋯⋯⋯ 191

10.5 任务五 最美不过《诗经》 ⋯⋯⋯⋯⋯⋯⋯⋯⋯⋯⋯⋯⋯⋯⋯⋯ 192

  10.5.1 任务目标 ⋯⋯⋯⋯⋯⋯⋯⋯⋯⋯⋯⋯⋯⋯⋯⋯⋯⋯⋯⋯⋯ 193

  10.5.2 解决步骤 ⋯⋯⋯⋯⋯⋯⋯⋯⋯⋯⋯⋯⋯⋯⋯⋯⋯⋯⋯⋯⋯ 193

  10.5.3 必备知识 ⋯⋯⋯⋯⋯⋯⋯⋯⋯⋯⋯⋯⋯⋯⋯⋯⋯⋯⋯⋯⋯ 194

    10.5.3.1 标准库和第三方库 ⋯⋯⋯⋯⋯⋯⋯⋯⋯⋯⋯⋯⋯⋯ 194

    10.5.3.2 中文分词库 jieba ⋯⋯⋯⋯⋯⋯⋯⋯⋯⋯⋯⋯⋯⋯ 194

    10.5.3.3 分词模式 ⋯⋯⋯⋯⋯⋯⋯⋯⋯⋯⋯⋯⋯⋯⋯⋯⋯⋯ 197

    10.5.3.4 中文词频分析的步骤 ⋯⋯⋯⋯⋯⋯⋯⋯⋯⋯⋯⋯ 197

10.6 任务六 豆瓣电影 Top 250 ⋯⋯⋯⋯⋯⋯⋯⋯⋯⋯⋯⋯⋯⋯⋯ 198

  10.6.1 任务目标 ⋯⋯⋯⋯⋯⋯⋯⋯⋯⋯⋯⋯⋯⋯⋯⋯⋯⋯⋯⋯⋯ 198

  10.6.2 解决步骤 ⋯⋯⋯⋯⋯⋯⋯⋯⋯⋯⋯⋯⋯⋯⋯⋯⋯⋯⋯⋯⋯ 198

  10.6.3 必备知识 ⋯⋯⋯⋯⋯⋯⋯⋯⋯⋯⋯⋯⋯⋯⋯⋯⋯⋯⋯⋯⋯ 198

    10.6.3.1 网络爬虫 ⋯⋯⋯⋯⋯⋯⋯⋯⋯⋯⋯⋯⋯⋯⋯⋯⋯⋯ 198

    10.6.3.2 网络爬虫的工作过程 ⋯⋯⋯⋯⋯⋯⋯⋯⋯⋯⋯⋯ 199

    10.6.3.3 HTTP,HTML 和 URL ⋯⋯⋯⋯⋯⋯⋯⋯⋯⋯⋯ 201

    10.6.3.4 爬取网页 ⋯⋯⋯⋯⋯⋯⋯⋯⋯⋯⋯⋯⋯⋯⋯⋯⋯⋯ 201

          10.6.3.5　网页数据解析 ………………………………………… 207

10.7　小结 ……………………………………………………………… 214

10.8　动手写代码 ……………………………………………………… 214

参考文献 ………………………………………………………………… 215

第 1 章 你好 Python

现代人的生活很大程度上依赖着无处不在的计算机和手机。在计算机上可以查阅电子邮件、浏览网页、搜索信息、玩游戏；在智能手机上安装各种 App（手机软件，也称应用程序），如 12306、淘宝、京东、大众点评、地图导航等，即可享受信息时代的便利生活。

随着计算机和手机软件的普及，人们的衣食住行、学习工作被彻底改变。

1.1　软件和程序

如果计算机硬件是基础，那么计算机软件便是核心。软件是程序及其相关文档与数据的总称；而程序只是软件的一部分。

例如，一个软件包括可执行文件（.exe）和图片（.bmp 等）、音效（.wav 等）等文件，其中可执行文件（.exe）称作"程序"。

软件包含一个或多个程序，而程序则是一组代码的有序集合，由一行一行的代码组成。这些代码告诉计算机如何显示应用、在哪里存储数据、从哪里获取数据，以及如何对用户的鼠标点击做出响应。

很多时候，我们可以用已有的软件与计算机发生交互。例如，用 Office 办公软件完成论文书稿的写作、电子表格的数据计算、演示文稿的制作；用 Photoshop 完成图像的处理；用腾讯会议开线上会议；用腾讯课堂跨平台和跨地域在线教学。

使用这些现有的、成熟的软件非常方便，软件功能满足了用户的大部分需求。

但是有时候，我们想让计算机做一些满足个人想法的事情，例如编写一个课堂随机点名程序，搭建个人网站，为公司开发一个移动应用，开发一款和朋友们一起娱乐的游戏，获取网站商铺数据等。实现这些功能的第一步就是学习编程。

1.2　编　　程

编程是为了使计算机能够解决某个问题而使用某种程序设计语言编写程序代码，并最终得到相应结果的过程。

简单来说，编程就是编写程序，就是用计算机"看得懂"的语言编写代码，告诉计算机我们想让它做的事情。代码就是计算机能理解的一行一行指令。

计算机的功能如此强大，能和人类进行交流，这一切都离不开程序员的编程设计。埃文斯数据公司(Evans Data Corporation) 2019 年的统计数据显示，2018 年全球共有 2300 万软件开发人员，预计到 2023 年将达到 2770 万。

程序员给人们留下的刻板形象就是：坐在计算机面前，不停敲击着一长串神秘的代码。殊不知，程序员的编程过程是一项改变世界的创造性的活动，体现着人类的智慧。

1996 年，4 位以色列人为了人们在互联网上能够快速直接地交流，开发了一款即时通信软件 ICQ，意思为"I SEEK YOU"，ICQ 这个即时聊天软件是 QQ、微信的鼻祖。

计算机上每一个创意的起源和最终完成，都是通过一行一行代码的编写来实现的。每敲出一行代码，想法便向现实迈近了一步。随着人们的生活越来越依赖代码，代码的数量在未来只会不断增加。

1.3　程序设计语言

伟大的计算机先驱们开发了很多在计算机上可以使用的语言。人们按照语言的语法规则编写一行一行的代码，就可以让计算机按照人们想象的方式工作。

这些语言称为程序设计语言，也叫编程语言。

1.3.1　程序设计语言的分类

程序设计语言主要经历了机器语言、汇编语言和高级语言三个阶段。

1. 机器语言

计算机内部只能接收二进制代码。所有的输入和输出，都是由无数个 0 和 1 组成的二进制数字经过编码、解码，转换成计算机能识别的机器语言来实现的。晦涩难懂、难以记忆是机器语言的特点。

在电影《硅谷传奇》中，乔布斯与沃兹尼亚克创键苹果公司时，计算机用的就是机器语言，当时的代码直接用 0 和 1 来写，极其抽象。

2. 汇编语言

汇编语言的实质和机器语言是相同的，都是直接对硬件操作，只不过指令采用了英文缩写的标识符，更容易让人识别和记忆。

3. 高级语言

高级语言形式上接近算术语言和自然语言，易学易用，通用性强，不需要具备太多的专业知识，所以是大多数编程者的首选。

高级语言种类繁多，它并不特指某一种具体的语言，而是包括了很多编程语言，大概有几百种。目前主要的高级语言有 C、Java、Python、C、C++、PHP、C♯、JavaScript、Ruby、Golang、Pascal 和 MATLAB 等，不同的语言有自己的特点和擅长领域。随着计算机的不断发展，有些语言日渐兴盛，有些语言日渐没落，同时新的语言也在不断地诞生。

1.3.2　高级语言的分类

用高级语言编写的程序称为源程序,源程序不能直接被计算机识别,必须转换为二进制指令才能被执行。按转换方式可将高级语言分为两类:编译型语言和解释型语言。

1. 编译型语言

在源程序执行之前,就将程序源代码转换成目标程序(即机器语言),生成可执行文件。C、C++、Golang、Pascal 属于编译型语言。编译型语言使用的转换工具称为编译器。

编译型语言的特点是编译一次后,脱离了编译器也可以运行,运行效率高。

2. 解释型语言

程序源代码一边转换成目标代码,一边执行,不会生成可执行文件。Python、Java、PHP、MATLAB 属于解释型语言。解释型语言使用的转换工具称为解释器。

解释型语言的特点是一边转换一边执行,所以运行效率低。

1.4　Python 语言

在众多高级语言中,简单易懂、上手快、门槛低的语言更容易成为主流语言。

Python 就是这样一种语言。它的语法简单明了,功能非常强大,在人工智能、云计算、金融分析、大数据开发、Web 开发、自动化运维、测试等方面应用广泛,已经进入全球流行语言之列。

对于初学编程者而言,Python 的优点非常明显。和其他语言相比,实现同一个功能,Python 语言的实现代码往往是最短的。另外,在用 Python 写代码时,程序员可以更多地关注逻辑细节,而不是花太多精力去关注数据类型定义、程序运行效率等。

1.4.1　Python 的诞生

Python 的英文原意为"蟒蛇"。现在它又极具戏剧性地多了一个含义,表示一门解释型的编程语言。

1989 年,荷兰人 Guido van Rossum(吉多·范罗苏姆)在圣诞节期间为了打发时间,决心开发一种新的编程语言。因为他是 BBC 电视剧 *Monty Python's Flying Circus* 的爱好者,所以就用了一个简短、独特且略显神秘的名字 Python 为该语言命名。自那以后,凶猛的"蟒蛇"因此而变得"生动可爱"。Python 的标志也融入了蟒蛇的元素,如图 1-1 所示。

图 1-1　Python 的标志

1999 年,Guido van Rossum 向美国国防部高级研究计划局(DARPA)提交了一条名为 Computer Programming for Everybody 的资金申请,并说

明了他对 Python 的目标：

- 一门与主要竞争者一样强大的简单直观的语言；
- 开源，任何人都可以为它做贡献；
- 代码像纯英语那样容易理解；
- 适用于短期开发的日常任务。

这些想法在今天基本都已经成为现实，Python 已经成为一门极为流行的编程语言。

1.4.2 Python 的版本

1991 年，第一个 Python 解释器诞生。

1994 年 1 月，Python 1.0 版本发布。

2000 年 10 月，Python 2.0 版本发布。

2008 年 12 月，Python 3.0 版本发布。

此后，Python 有两个主要系列版本：2.x 系列和 3.x 系列，其中 x 表示小版本号。

截至本书成书时（2021 年 1 月），Python 最新的两个版本分别为 Python 2.7.18 和 Python 3.9.1。

1. Python 2 和 Python 3 的区别

Python 3 完善了 Python 2 的一些不足之处，在语句输入输出、编码、运算和异常等方面做出了一些调整，并且在性能上也有了一定的提升。

两个版本非常相似，最大的区别不在于语法方面，而在于不完全向下兼容。

Python 3 设计时，为了不带入过多的累赘，开发团队没有将之前版本的所有项目和类库都迁移过来，这就意味着 Python 2 设计的程序无法在 Python 3 中正常执行，为了执行 Python 2 编写的程序，人们只能继续使用 Python 2，而大部分刚刚起步的新项目又使用了 Python 3，所以，两个版本就进入了长期并行开发和维护的状态。Python 3 更新速度远快于 Python 2 的速度，Python 2 将在 2020 年失去后续的支持。

在 Python 官网上，可以看到下列信息。

```
Release Date: April 20, 2020
Python 2.7.18is the last release of Python 2.
(Python 2.7.18 是 Python 2 的绝唱版本)。
```

2. Python 2 和 Python 3 的选取

Python 未来的主要版本是 Python 3，但是 Python 2 目前仍然比较流行。

本书采用"任务驱动"的方式，遵循"用什么讲什么"的原则，分别介绍 Python 2 和 Python 3 两种环境下的编程。

1.4.3 Python IDE 开发工具

IDE(Integrated Development Environment)，中文译为集成开发环境。IDE 是一个

用于程序开发的软件,包括文本编辑器、编译器(或解释器)、调试器和图形用户界面工具。

常用的 Python IDE 分为文本和集成工具两大类。

文本工具类包括 IDLE(Python 自带)、Sublime text 等。

集成工具类包括 PyCharm、Visual Studio Code、Anaconda、Thonny 等。

本书第 1～9 章采用 IDLE 工具,介绍 Python 2 的主要内容;第 10 章采用 Thonny 工具,介绍 Python 3 的主要内容。

1.5　任务一　搭建 IDLE 环境

1.5.1　任务目标

(1) IDLE 是 Python 自带的一个集成开发环境,对于初学者而言,安装和使用比较简单。在 IDLE 中,可以方便地创建、运行、测试和调试 Python 程序。

(2) 在 Windows 平台上安装 Python 2.7.18。

1.5.2　操作步骤

(1) 下载 Python 安装包。

Python 安装包下载地址为 https://www.python.org/downloads/。

在浏览器地址栏中输入链接,下载界面如图 1-2 所示。

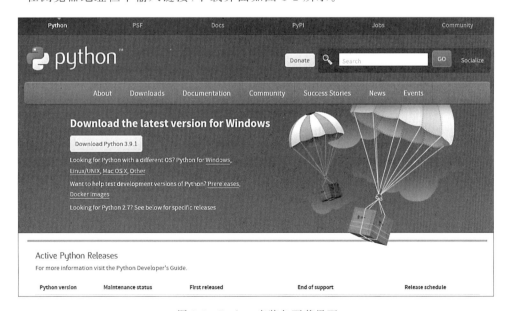

图 1-2　Python 安装包下载界面

向下滚动鼠标滚轮,可以看到有两个版本的 Python,分别是 Python 3 和 Python 2,如图 1-3 所示。这里以 Python 2.7.18 版本为例,介绍 Windows 下的 Python 的安装过程。

Looking for a specific release? Python releases by version number:			
Release version	**Release date**		**Click for more**
Python 3.8.3	May 13, 2020	Download	Release Notes
Python 2.7.18	April 20, 2020	Download	Release Notes
Python 3.7.7	March 10, 2020	Download	Release Notes
Python 3.8.2	Feb. 24, 2020	Download	Release Notes
Python 3.8.1	Dec. 18, 2019	Download	Release Notes
Python 3.7.6	Dec. 18, 2019	Download	Release Notes
Python 3.6.10	Dec. 18, 2019	Download	Release Notes

图 1-3　Python 下载页面(包含 Python 2 和 Python 3 两个版本)

单击图中的 Python 2.7.18 版本号或者 Download 按钮进入下载页面,页面上可看到各个平台的 Python 2.7.18 安装包,如图 1-4 所示。

Version	Operating System	Description
Gzipped source tarball	Source release	
XZ compressed source tarball	Source release	
macOS 64-bit installer	Mac OS X	for OS X 10.9 and later
Windows debug information files	Windows	
Windows debug information files for 64-bit binaries	Windows	
Windows help file	Windows	
Windows x86-64 MSI installer	Windows	for AMD64/EM64T/x64
Windows x86 MSI installer	Windows	

图 1-4　Python 下载页面(不同平台的安装包)

各个安装包解释如下:
Windows x86-64 MSI installer 开头的是 Windows 系统 64 位的 Python 安装程序;
Windows x86 MSI installer 开头的是 Windows 系统 32 位的 Python 安装程序;
macOS 64-bit installer 是 Mac 系统的安装程序。
根据不同平台,可以选择不同的安装程序。
以 Windows 32 位系统为例,单击 Windows x86 MSI installer,即可下载 32 位的安装包程序。

（2）安装 Python。

安装包程序下载成功后，双击下载程序 python-2.7.18.msi，弹出窗口如图 1-5 所示。

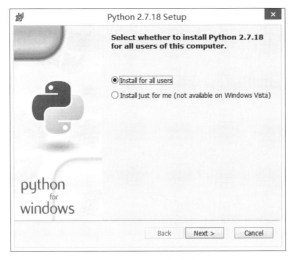

图 1-5　Python 安装向导

所有选项保持默认，单击 Next 按钮继续，几分钟后即可完成安装。

安装完成后，单击 Windows"开始"菜单，然后依次选择"所有程序"→Python 2.7.18→Python GUI 菜单项，即可打开 IDLE 主窗口。

1.5.3　必备知识

1.5.3.1　IDLE 主窗口

如图 1-6 所示，IDLE 主窗口是一个 Python Shell（在窗口的标题栏上可以看到），即一种用命令行编写代码的环境。

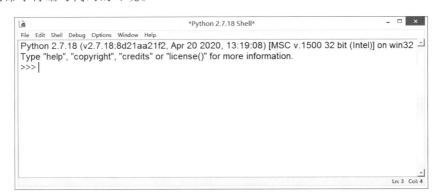

图 1-6　IDLE 主窗口

窗口菜单栏包含菜单项 File、Edit、Shell、Debug、Option、Windows 和 Help。

窗口中有版本信息，主要显示当前 Python 版本和操作系统的版本。

窗口中的"＞＞＞"是 Python 的提示符，等待编程者发出指令。

在 IDLE 中，可以调整字体和字号，选择 Options→Configure IDLE 菜单项，如图 1-7 所示。

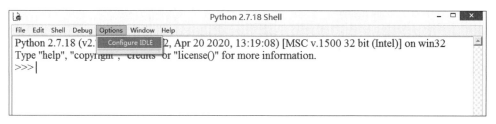

图 1-7　Options→Configure IDLE 菜单

在打开的 Settings 窗口中调整字体（选择英文字体）和字号，如图 1-8 所示。

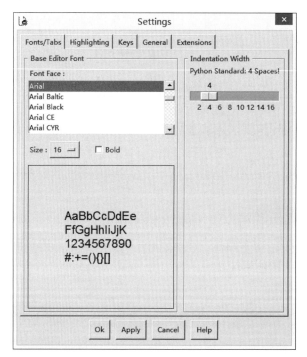

图 1-8　调整字体和字号

1.5.3.2　IDLE 主题样式

IDLE 主题样式主要指代码配色及高亮显示。

选择 Options→Configure IDLE 菜单项，在打开的 Settings 窗口中选择 Highlighting 选项卡，默认的主题样式有 IDLE Classic、IDLE Dark 和用户自定义主题，如图 1-9 所示。

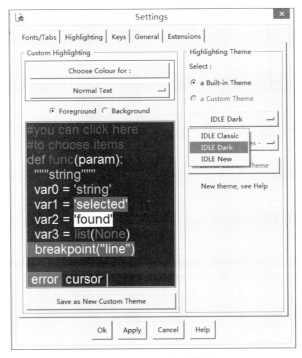

图 1-9　IDLE 主题样式

1.6　任务二　输出"Hello，World！"

1978 年，Brain Kernighan 在他和 Dennis Ritchie 合作撰写的《C 语言"圣经"》(*The C Programming Language*)中，开篇第一个程序就是：输出"Hello，World！"。

从此，"Hello，World！"便成为经典，这个程序几乎是每一门编程语言中的第一个示例程序，在程序员中广为流传。

让我们也追随着他们的脚步，从简单的"Hello，World！"起步，开始我们学习 Python 的神奇有趣之旅。

1.6.1　任务目标

在 IDLE 中以交互式编程和编写源文件两种方式，输出字符串"Hello，World！"

1.6.2　操作步骤

（1）交互式编程。

交互式指通过 Python 解释器的交互模式来编写代码，只需在命令行中输入 Python

语句即可启动交互式编程。

如图 1-10 所示，在"＞＞＞"后面输入代码：print "Hello,World!"，注意代码中的符号都是英文符号。

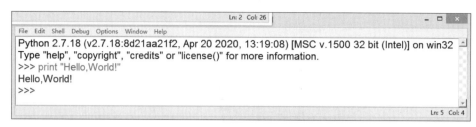

图 1-10　交互式运行代码

按 Enter 键，即可看到输出结果。

（2）编写源文件。

① 创建新文件。

在 IDLE 主窗口的菜单栏上，选择 File→New File 菜单项，如图 1-11 所示。

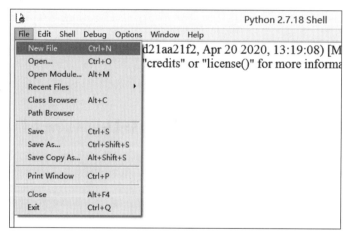

图 1-11　选择 File→New File 菜单

打开一个新窗口，如图 1-12 所示，标题栏上的 * Untitled * 表示文件未命名。

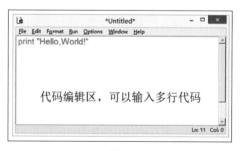

图 1-12　代码编辑窗口

在代码编辑区输入代码：print "Hello World!"。

② 运行程序。

在菜单栏中选择 Run→Run Module 菜单项（也可以直接按快捷键 F5），保存并运行程序，如图 1-13 所示。按照提示，将文件保存，将文件名设置为 hello.py，其中 py 是 Python 文件的扩展名。这个程序非常简单，只有一行 print 语句，print 是 Python 最常用的语句之一。

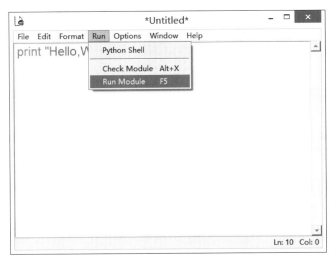

图 1-13　选择 Run 菜单

③ 输出结果。

运行程序后，如果代码没有语法错误，结果会在 Python Shell 窗口中显示，如图 1-14 所示。

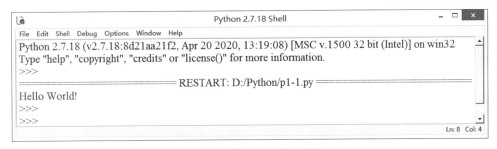

图 1-14　任务二运行结果

1.6.3　必备知识

1.6.3.1　程序运行方式

在 IDLE 中如何运行 Python 程序呢？解释型编程语言一般支持两种程序运行方式：交互式编程和编写源文件。

1. 交互式编程

在命令行窗口中直接输入代码,按 Enter 键可以立即看到输出结果,就好像编程者在和计算机对话。这种运行方式比较直观,可以输入简单语句,也可以输入表达式,计算机会像一个计算器一样,即时输出结果,如图 1-15 所示。

```
>>>
>>> 2**5
32
>>> 123.56+567.89
691.45
>>>
```

图 1-15　表达式运算

2. 编写源文件

交互式编程虽然方便,但是当程序复杂、代码多行时,总不能每次都在解释器提示符中输入。因此需要创建一个文件,将所有代码放在文件中,让解释器逐行读取并执行文件中的代码。这样便可以多次运行这些程序,这是最常见的编程方式。

1.6.3.2　对文件的操作

1. 创建文件

每解决一个任务,就需要创建一个新文件。在菜单栏选择 File→New File 菜单项,也可以直接按快捷键 Ctrl+N。

2. 保存文件

在菜单栏选择 File→Save 菜单项,也可以直接按快捷键 Ctrl+S。

3. 运行文件

在菜单栏选择 Run→Run Module 菜单项,保存并运行程序。

4. 打开文件

对于已经创建好的文件,打开方式有两种:在菜单栏选择 File→Open 菜单项,然后选择要打开的文件;或者在磁盘选中文件右击,在弹出的快捷菜单中选择 Edit with IDLE 选项,如图 1-16 所示。

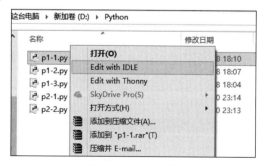

图 1-16　打开文件

5. 修改文件

如果代码有语法错误,程序运行便会报错。图 1-17 中,"Hello,World!"两边应该用英文双引号,但是程序中错用了中文双引号,导致运行中断,出现语法错误提示窗口。

图 1-17　运行错误

对于错误的处理方法是:修改错误,再次运行,直到输出正确结果为止。

这个过程称为调试。从开始写代码到测试,再到后期维护,bug 无处不在,所以调试程序也是程序员的基本技能之一。甚至可以这样认为:在开始学习一门程序设计语言时,错误越多越好,因为可以提高分析问题、解决问题、调试程序的能力。

1.7　任务三　输出特殊字符

经过 Bruce Eckel(Java 大师)和 Guido(Python 之父)的宣传,Pythonista(表示 Python 支持者)都熟知一句话"Life is short(You need Python)",就像 Python 的广告语,如图 1-18 所示。

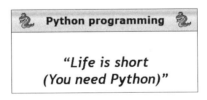

图 1-18　Life is short(You need Python)

1.7.1　任务目标

在 IDLE 中编写程序,输出字符串,格式如下:

```
"Life is short
(You need Python)"
```

1.7.2 操作步骤

（1）创建新文件，在代码编辑区输入代码：

```
print "\"Life is short\n(You need Python) \""
```

输入代码后的界面如图 1-19 所示。

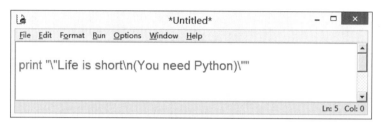

图 1-19　输入代码

（2）运行文件，结果如图 1-20 所示。

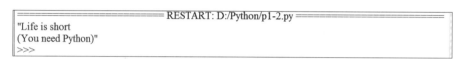

图 1-20　任务三运行结果

1.7.3 必备知识

在任务三中，输出的字符串中包含一对双引号，并且输出两行。

如何输出字符串中的引号、斜杠、回车键等特殊符号呢？如何在输出中换行呢？

1.7.3.1 print 语句

print 语句可以向屏幕上输出指定的字符串，字符串用英文的双引号或单引号括起来。

例如：

```
print "Hello,World!"
```

输出的字符串当中，如果再次包含双引号，就会给程序造成误会，不知道双引号应该如何配对。

如何解决这个问题？比较通用的方式是：使用转义字符。

1.7.3.2 转义字符

Python 转义字符以反斜杠"\"开始。转义字符"\"会将它后面的一个字符标记为特殊意义的字符。例如用在双引号前，就直接输出双引号，不再会被认为是歧义。

如果输出需要换行，可以使用"\n"来表示换行符。

Python 中常见的转义字符及其含义如表 1-1 所示。

表 1-1　Python 转义字符及其含义

符 号	含 义	符 号	含 义
\'	单引号	\t	横向制表符
\"	双引号	\（在一行代码结尾处）	续行符
\n	换行符		

1.8　任务四　输出中文

1.8.1　任务目标

编写程序，输出以下中文：
一种语言，
能缩短你思考和敲打键盘的时间间隔
就是一门好的语言。
人生苦短，我用 Python。
人生苦短，不要半途而废！

1.8.2　操作步骤

（1）创建新文件，输入代码，如程序段 1-1 所示。

程序段　1-1

```
print "一种语言,"
print "能缩短你思考和敲打键盘的时间间隔"
print "就是一门好的语言。"
print "人生苦短,我用 Python。"
print "人生苦短,不要半途而废!"
```

（2）运行程序，会出现如图 1-21 所示的界面。

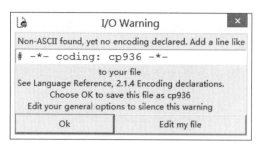

图 1-21　提示指定字符集

单击 OK 按钮继续运行，结果如图 1-22 所示。

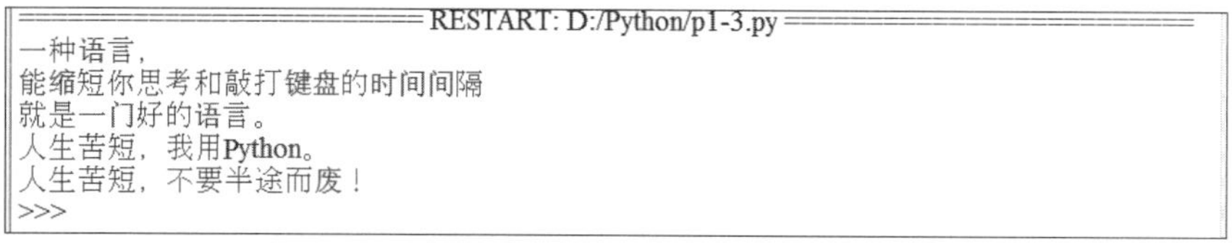

```
================ RESTART: D:/Python/p1-3.py ================
一种语言，
能缩短你思考和敲打键盘的时间间隔
就是一门好的语言。
人生苦短，我用Python。
人生苦短，不要半途而废！
>>>
```

图 1-22　任务四运行结果

1.8.3　必备知识

1.8.3.1　中文字符的处理

Python 2 中，字符编码默认为 ACSII 字符集，代码中包含中文字符时，则会出现中文乱码。因此，如果代码中包含中文，需要在头部指定编码格式，否则无法正常输出汉字。

在图 1-21 中，单击 OK 按钮，指定代码保存时使用的字符集为 cp936，即 GBK 编码，告诉 Python 解释器要按照 GBK 编码的方式来读取程序。

在图 1-21 中，如果单击 Edit my file 按钮，会在代码头部添加语句：

```
# - * -coding: cp936 - * -
```

可以将 cp936 改为 utf-8，告诉 Python 解释器要按照 utf-8 编码的方式来读取程序。代码头语句改为：

```
# - * -coding: utf-8 - * -    或者  #coding=utf-8
```

1.8.3.2　Python 语言的学习方法

通过三个任务，我们学习了输出字符串的相关知识：
任务二，学习输出一行英文字符串；

　Python 程序设计任务驱动式教程

任务三,学习输出两行英文字符串;

任务四,学习输出多行中文字符串。

编程的学习可以从模仿代码,到逐渐可以修改代码,最后到能自主编写代码,这是一个循序渐进的过程,如图 1-23 所示。

图 1-23 编程的学习过程

在这个学习过程中,一定要实践! 实践! 实践!

仅凭看书、听课是无法学会编程的,一定要自己动手写代码,持之以恒地专注编程。

从看得懂代码到写得出代码,中间有条鸿沟,能否跨越取决于编程者亲自动手写了多少行代码。没有代码量,编程就是浮云。

1.9 小 结

本章主要知识点有:

- 为什么学习 Python;
- Python 的版本、开发工具和安装;
- Python 简单程序的创建、保存、打开、运行和调试;
- Python 语言的学习方法。

1.10 动手写代码

1. 编写程序,输出下列字符串:

```
Pythonis powerful…and fast;
plays well with others;
runs everywhere;
is friendly & easy to learn;
is Open.
```

2. 互联网上有很多版本的《程序员之歌》,有轻松愉快的,也有"自黑"调侃的。编写程序,输出古诗词版的《程序员之歌》。"歌词"如下:

程序员之歌——《江城子》改编

十年生死两茫茫,写程序,到天亮,

千行代码,bug 何处藏。

纵使上线又怎样,朝令改,夕断肠。

领导每天新想法,天天改,日日忙。

相顾无言,唯有泪千行,

每晚灯火阑珊处,程序员,加班狂。

3. Python 的设计哲学。在 Python Shell 中,输入 import this,阅读并体会 Tim Peters 撰写的 19 条编程指导原则。

Python 程序设计任务驱动式教程

第 2 章　Python 语言基础知识

在了解了 Python 的版本和开发工具之后，我们需要继续学习构成程序的基本元素，包括数据类型、变量、运算符、表达式和函数等。正确理解和使用这些基本元素对于编写程序非常重要。

2.1　任务一　人生有多长

人生有多长？一年 365 天，如果生命截止在 100 岁，不过 36500 天。

2.1.1　任务目标

编写程序，按 80 岁和 100 岁来算，输出人生各有多少天。

2.1.2　操作步骤

（1）在 IDLE 中创建新文件，输入代码，如程序段 2-1 所示。

程序段　2-1

```
age=80
days=age * 365
print days

age=100
days=age * 365
print days
```

（2）运行程序，结果如图 2-1 所示。

```
================== RESTART: D:/Python/p2-1.py ==================
29200
36500
>>>
```

图 2-1　任务一运行结果

2.1.3 必备知识

2.1.3.1 变量与变量名

程序中需要处理各种数据,如数值、字符串等,计算机会将这些数据保存在内存中。

变量是指向存储在内存中某个数据的名字,就像在数据上面贴一个标签。找到变量名,就找到了对应的数据。

在程序段 2-1 中,有两个变量,变量名分别为 age 和 days,分别指向不同的数据。

2.1.3.2 变量的命名规则

变量不能随便命名,要遵循 Python 的命名规则。

(1) 首字符不能是数字。

(2) 由大小写英文字符、数字或下画线组成,长度不限。

(3) 不能是保留字,例如 if、while、else、in、return 等,后面章节会讲到这些关键字。

例如,以下变量名是合法的:

```
number
int_Count
age1
username
```

以下变量名是不合法的:

```
4word       #首字符不能是数字
return      #不能是保留字
a123$       #不能包含特殊字符
```

(4) 字母区分大小写。

例如,以下是三个不同的、相互独立的变量名:

```
count
COUNT
Count
```

(5) 做到见名知义。如何给变量起一个合适的名字?目前存在的主流命名法主要有匈牙利命名法、驼峰命名法和帕斯卡命名法等。但是对于初学者而言,变量的命名做到见名知义、朴素简单即可。

2.1.3.3 变量的赋值

(1) 所有的变量在使用前必须被赋值。赋值语句的语法格式如下:

```
变量名=表达式
```

Python 语言中,"="表示赋值,即将等号右边的表达式计算结果赋给等号左边的变量。包含等号"="的语句称为赋值语句。

例如,在程序段 2-1 中:

```
age=80              #将右边的数值 80 赋给左边的变量
days=age * 365      #将右边表达式 age * 365 的计算结果赋给左边的变量
age=100             #变量的值可以被替换,取决于最后一次赋值操作,age 最终的
                    #值是 100
```

(2) 连续赋值,即一个值可以被连续赋给多个变量。

例如:

```
x=y=z=0             #将 0 连续赋给 x、y、z 三个变量
```

作用等同于下面三条语句:

```
z=0
y=z
x=y
```

(3) 同时赋值,即同时给多个变量赋不同值。

例如:

```
a,b,c=520,1314,8087    #将赋值号右边逗号隔开的数值分别赋给左边对应的变量
```

(4) 交换两个变量的值。语法格式为:

```
a,b=b,a
```

例如,下面程序段实现了变量 x、y 之间的数据交换:

```
x,y=2,3             #将右边的 2 和 3 分别赋给变量 x 和 y
x,y=y,x             #将右边的 3 和 2 分别赋给变量 x 和 y,实现了交换
```

写到这里,忍不住停下来感慨:如果读者学习过其他程序设计语言,此刻一定感受到了 Python 的简单!

2.1.3.4 变量的引用

变量的赋值其实就是变量的定义。定义变量后,就可以在代码中引用变量。

例如,在程序段 2-1 中:

```
age=80              #定义变量 age
days=age * 365      #引用变量 age
```

例如,下面的语句:

```
x=x+1
```

赋值号右边的变量 x 之前未出现过,运行时出现异常,系统报错:NameError:name 'x' is not defined,意为变量 x 没有定义。运行结果如图 2-2 所示。

```
==================== RESTART: D:/Python/example.py ====================

Traceback (most recent call last):
  File "D:/Python/example.py", line 1, in <module>
    x=x+1
NameError: name 'x' is not defined
>>>
```

图 2-2 运行异常

例如,下面语句中,将变量先赋值再引用是正确的:

```
x=0
x=x+1
```

2.1.3.5　变量的输出

print 语句不仅可以输出字符串,还可以输出变量的值。语法格式如下:

```
print 变量名
```

2.2　任务二　重量单位转换

2.2.1　任务目标

编写程序,从键盘输入 Tom 的体重,单位是千克(kg),换算成英磅(lbs)并输出。
$$1 千克＝2.2046226 英磅$$

2.2.2　操作步骤

(1) 在 IDLE 中创建新文件,输入代码,如程序段 2-2 所示。

程序段　2-2

```
kg=input()
```

```
lbs=kg * 2.2046226
print lbs
print format(lbs,".2f")
print "%.2f"%lbs
print "Tom's weight is",format(lbs,".2f")
```

（2）运行程序,结果如图 2-3 所示。

```
============================ RESTART: D:/Python/p2-2.py ============================
50
110.23113
110.23
110.23
Tom's weight is 110.23
>>>
>>>
============================ RESTART: D:/Python/p2-2.py ============================
65
143.300469
143.30
143.30
Tom's weight is 143.30
>>>
```

图 2-3　任务二运行结果

在 Shell 窗口中输入体重 50,输出 4 行不同格式的结果。

（3）将源文件运行多次。

光标切换至代码编辑窗口,选择 Run→Run Module 菜单项再次运行程序。在 Shell 窗口中输入体重 65,用户输入不同数字,就会返回不同的运行结果。

2.2.3　必备知识

2.2.3.1　数据类型

计算机可以处理各种数据,如数字、文本、图形、图像、音频、视频、动画等,不同的数据属于不同的数据类型。数据类型决定了数据在计算机中的表示方式,以及能够对数据进行的操作。

Python 语言提供的数据类型称为基本数据类型,如图 2-4 所示。

我们在编程时无须关注变量的数据类型,Python会根据变量的赋值,自动确定它属于哪一种数据类型。而且,在 Python 中可以将不同类型的数据赋值给同一个变量,所以变量的类型也是可以改变的。

最常用的数据类型当属数字类型,数字类型又包括整数类型、浮点数类型、复数类型和布尔类型。

1. 整数类型

Python 中的整数(int)与数学中的整数概念一致,

```
                                    ┌ 整数类型
                              ┌ 数字 ┤ 浮点数类型
                              │     │ 复数类型
                              │     └ 布尔类型
                              │ 字符串
                    基本数据类型 ┤ 列表
                              │ 元组
                              │ 集合
                              └ 字典
```

图 2-4　基本数据类型

包括正整数、0 和负整数。Python 对于整数的取值范围没有限制,仅与计算机的内存大小有关。

在程序段 2-1 中,变量 age 和 days 都属于整数类型变量。

Python 可以使用十进制、二进制、八进制、十六进制形式表示整数,如表 2-1 所示。

表 2-1　整数的表示形式

表示形式	引导符号	示　　例
十进制	无	80,0,2021,−127
二进制	以 0b 或 0B 开头	0b010,−0B101
八进制	以 0o 或 0O 开头	0o123,−0O456
十六进制	以 0x 或 0X 开头	0x9a,−0X89

在 Python Shell 窗口中,通过交互式的方式,观察整数类型的应用,如图 2-5 所示。

图 2-5 所示语句将整数 123 赋给变量 a,将整数 123456789 赋给变量 b。

type( )是一个函数,可以获取变量的数据类型。例如:type(a)的结果为 int。

```
>>> a=123
>>> a
123
>>> b=123456789
>>> b
123456789
>>> type(a)
<type 'int'>
>>> type(b)
<type 'int'>
```

图 2-5　整数类型示例

2. 浮点数类型

浮点数(float)指带有小数点及小数的数字,如程序段 2-2 中的 2.2046226。

浮点数的数值范围存在限制,小数精度也存在限制,这种限制与不同的计算机系统有关。

浮点数的表示形式如表 2-2 所示。

表 2-2　浮点数的表示形式

表示形式	举　　例
十进制	3.1415,−0.0077
科学记数法(通常用来表示比较大或比较小的数值)。使用字母 e 或者 E 作为幂的符号,以 10 为基数。科学记数法含义如下:$<a>e<b>=a×10^b$	$96e4=96*10^4$ $79.8E−5=79.8×10^{−5}$ $12e−2=12×10^{−2}$

3. 复数类型

复数(complex)由实数部分和虚数部分构成,具体格式为:

```
x+yj 或 x+yJ          #虚部必须有后缀 j 或 J
```

如图 2-6 所示,可以对复数进行一些简单计算。

4. 布尔类型

布尔类型(bool)是一种特殊的类型,只有"真"和"假"两种值,用于代表某个事情的真(对)或假(错)。在程序的世界里,用 True 来表示"真",False 来表示"假"。

图 2-7 中是一些常见的比较算式,结果正确就为真(True),结果错误就为假(False)。

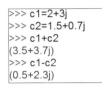

图 2-6　复数简单计算示例

图 2-7　比较算式的结果

2.2.3.2　数字类型之间的运算

数字类型之间相互运算的示例如图 2-8 所示。

数字类型之间的运算有如下基本规则。

(1) 整数之间运算,结果是整数;

(2) 整数和浮点数混合运算,结果是浮点数;

(3) True 或 False 参与运算,布尔类型会被当作整数来对待,即 True 相当于整数值 1,False 相当于整数值 0。

在程序段 2-1 中,变量 age 和 365 都是整数,days＝age * 365 的运算结果是整数,days 是整型变量。

在程序段 2-2 中,2.2046226 是浮点数,lbs＝kg * 2.2046226 的运算结果是浮点数,lbs 是浮点型变量。

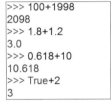

图 2-8　数字类型之间的运算示例

2.2.3.3　程序的输入

一个典型的程序应该具有人机交互功能,即程序能够接收用户从键盘输入的数据,程序执行完毕后又能够输出结果,将相关信息反馈给用户。这就是程序的输入和输出。

Python 2 中,输入数据常用的有两个函数。

(1) raw_input()函数,从键盘接收字符串,详细内容见第 5 章。

(2) input()函数,将用户从键盘输入的数据赋给变量。input()是 Python 的内置函数,语法格式为:

```
变量=input("提示信息")
```

在输入数据之前,需要显示一些提示信息。变量的类型取决于用户从键盘输入的数据类型,可以是整数、浮点数、复数或布尔类型等。

括号内的提示信息可以省略,语法格式简化为:

```
变量=input()
```

1. 从键盘输入一个数据

如图 2-9 所示,在 Shell 窗口列举了 input()函数的用法示例。在提示信息后面输入数据,然后按 Enter 键,即可将数据赋值给变量。

```
>>> number=input("please input your cell-phone number:")
please input your cell-phone number:12345678910
>>>
>>> result=input("input bool:")
input bool:False
>>> result
False
>>>
>>> score=input()
95
>>> score=input()
82.5
>>> score
82.5
```

图 2-9　input()函数的用法示例

2. 从键盘输入多个数据

用户可以从键盘输入多个数据,赋给不同的变量。

如果一个 input()函数只接收一个数据,从键盘输入三个数据,代码如下:

```
a=input()          #从键盘输入一个数据,赋给变量 a
b=input()          #从键盘输入一个数据,赋给变量 b
c=input()          #从键盘输入一个数据,赋给变量 c
```

一个 input()函数也可以接收多个数据。上面代码可写作:

```
a,b,c=input()      #从键盘输入三个数据,数据之间用英文逗号隔开,分别赋给 a、b、c
```

2.2.3.4　程序的输出

print 语句用于输出各种类型的数据。

1. 输出字符串

例如:

```
print "Hello World!"
```

2. 输出整数

例如:

```
a,b,c=input()      #从键盘输入三个整数,赋给变量 a、b、c
print a            #输出变量 a 的值
print b            #输出变量 b 的值
print c            #输出变量 c 的值
print a,b,c        #输出多个变量的值,输出数据之间用空格隔开
```

```
print "a=",a,"b=",b,"c=",c          #多个字符串和变量之间以逗号分隔,输出数据
                                    #之间用空格隔开
print "a=%d b=%d c=%d"%(a,b,c)      #使用格式控制符%,一个%d 对应一个整数变量
```

以上代码的运行结果如图 2-10 所示。

3. 输出浮点数

浮点数在内存中是以二进制形式存储的,小数点后面的部分在被转换成二进制时很有可能是一串无限循环的数字,无论如何都不能被精确表示,所以浮点数的计算结果一般都是不精确的。在输出浮点数时,一般要求设置小数的保留位数。

```
1,2,3
1
2
3
1 2 3
a= 1 b= 2 c= 3
a=1 b=2 c=3
>>>
```

图 2-10　print 语句的
　　　　　用法示例

程序段 2-2 中,lbs 是浮点数类型,用不同的格式输出变量 lbs 的值,语句如下。

```
print lbs
```

小数位数不作限制。

```
print format(lbs,".2f")
```

用 format()格式化函数来设置小数位数。".2f"表示保留两位小数。

```
print "%.2f"%lbs
```

用格式控制符%,一个%f 对应一个浮点数变量。"%.2f"表示保留两位小数。

```
print "Tom's weight is",format(lbs,".2f")
```

先输出字符串作为提示信息,再输出变量的值。

4. print 自动换行

print 输出后会自动换行。如果不需要换行,只要在 print 语句的结尾加上一个逗号",",就会把两个 print 语句的结果输出在同一行,两个输出之间有一个空格的间隔。
例如:

```
print "Hello",
print "Hello"
print "World",
print
print "World"
```

上面代码运行结果如图 2-11 所示。

```
Hello Hello
World
World
>>>
```

图 2-11　print 不换行的用法示例

2.3 任务三 考试成绩

Tom 本学期的必修课程包括四门：高等数学、大学英语、计算机技术和思想道德修养。

2.3.1 任务目标

（1）编写程序，从键盘输入 Tom 的四门课程考试成绩，成绩为 100 以内的整数。

（2）输出四门课程的平均分、最高分和最低分，平均分保留两位小数。

2.3.2 解决步骤

（1）在 IDLE 中创建新文件，输入代码，如程序段 2-3 所示。

程序段 2-3

```
c1,c2,c3,c4=input()
ave=(c1+c2+c3+c4)/4.0
cmax=max(c1,c2,c3,c4)
cmin=min(c1,c2,c3,c4)
print "The average is:","%.2f"%ave
print "max=%d min=%d"%(cmax,cmin)
print "max=",cmax,"min=",cmin
```

（2）分别运行两次程序，输入不同的数据，三条 print 语句有不同的输出格式，结果如图 2-12 所示。

```
==================== RESTART: D:/Python/p2-3.py ====================
90,89,78,90
The average is: 86.75
max=90 min=78
max= 90 min= 78
>>>
==================== RESTART: D:/Python/p2-3.py ====================
85,88,99,95
The average is: 91.75
max=99 min=85
max= 99 min= 85
>>>
```

图 2-12 任务三运行结果

Python 程序设计任务驱动式教程

2.3.3 必备知识

2.3.3.1 表达式

表达式类似数学中的计算公式,是可以计算的代码片段,由操作数、运算符和圆括号按一定的规则构成。表达式通过运算后产生运算结果,运算结果的类型由操作数和运算符共同决定。

操作数包括常量(例如 1918、3.14159 等)、变量或函数等。

运算符表明对操作数进行什么样的运算,如加、减、乘或除等。

表达式要遵循下列书写规则。

(1)表达式从左到右在同一个基准上书写。例如,数学公式 x^2+y 应该写为 x＊x＋y 或 x＊＊2＋y。

(2)乘号不能省略。例如,数学公式 a^2+b^2-4ac,应写为 a＊a＋b＊b＋4＊a＊c。

(3)括号必须成对出现,而且只能使用圆括号,圆括号可以嵌套使用。例如,((x＋y)＋z)/2。

一个表达式可以由一种或多种运算组成,涉及的运算符包括算术运算符、复合赋值运算符、关系运算符、逻辑运算符等。

2.3.3.2 算术运算符

算术运算是主要的运算之一,运算对象是数字类型的数据。算术运算符如表 2-3 所示。

表 2-3　算术运算符

算术运算符	使用方法	功能描述	表达式示例	运算结果
＋(加)	x＋y	x 与 y 相加	12＋3.78	15.78
－(减)	x－y	x 与 y 相减	10－6.5	3.5
＊(乘)	x＊y	x 与 y 相乘	2＊4.5	9.0
/(除)	x/y	x 与 y 相除,如果 x,y 都为整数,结果为整数;如果有浮点数参与运算,结果为浮点数	10/4 10.0/4 1.0＊10/4	2 2.5 2.5
％(模)	x％y	x 整除 y 的余数	10％3	1
＊＊(幂)	x＊＊y	x 的 y 次幂	2＊＊5	32
＋(正号)	＋x	x 本身	＋8	8
－(负号)	－x	x 的负数	－8	－8

1. 除运算/

在程序段 2-3 中,下面这句代码尤为关键:

```
ave=(c1+c2+c3+c4)/4.0
```

（c1＋c2＋c3＋c4）的计算结果为整数，除以 4.0，结果为浮点数；如果除以 4，舍去小数部分，结果为整数。

同理，将华氏度（℉）转化为摄氏度（℃），公式为：
$$C=5/9×(F-32)$$

5/9 是整数 5 除以 9，舍去小数部分，结果为 0，所以表达式 5/9 * （F－32）的结果也为 0。正确的表达式有下面几种：

```
C=5/9.0*(F-32)
C=5.0/9*(F-32)
C=1.0*5/9*(F-32)
```

2. 模运算%

模运算也称为求余运算，有很多应用场景。

例如，判断一个数 x 是否为偶数，可以通过判断 x%2 是否等于 0。

判断一个数 x 的个位是否为 7，可以通过判断 x%10 是否等于 7。

2.3.3.3　复合赋值运算符

在 Python 中，赋值语句 a＝a+1 等价于 a+＝1。其中"+＝"称为复合赋值运算符。复合赋值运算符如表 2-4 所示。

表 2-4　复合赋值运算符

运 算 符	使 用 方 法	功 能 描 述
+＝	x+＝y	等价于 x=x+y
-＝	x-＝y	等价于 x=x-y
*＝	x*＝y	等价于 x=x*y
/＝	x/＝y	等价于 x=x/y
%＝	x%＝y	等价于 x=x%y
**＝	x**＝y	等价于 x=x**y

例如：

```
a=b=1
a+=2          #等价于a=a+2
b/=2          #等价于b=b/2
print a,b     #输出 3 0
```

2.3.3.4　关系运算符

关系运算符也称为比较运算符。关系运算符的作用是对两个操作数的大小关系进行

———— Python程序设计任务驱动式教程

判断,判断的结果是一个布尔值,即 True 或 False。关系运算符如表 2-5 所示。

表 2-5 关系运算符

关系运算符	使用方法	功能描述
＞(大于)	x＞y	如果 x 大于 y,结果为 True,否则结果为 False
＜(小于)	x＜y	如果 x 小于 y,结果为 True,否则结果为 False
＞=(大于或等于)	x＞=y	如果 x 大于或等于 y,结果为 True,否则结果为 False
＜=(小于或等于)	x＜=y	如果 x 小于或等于 y,结果为 True,否则结果为 False
==(等于)	x==y	如果 x 等于 y,结果为 True,否则结果为 False
!=(不等于)	x!=y	如果 x 不等于 y,结果为 True,否则结果为 False

注意:关系运算符"=="和赋值符号"="的区别。前者是判断两个操作数是否相等,后者是给变量赋值。

例如:

```
a=25              #赋值语句
b=36              #赋值语句
print a>b         #结果为 False
print a!=b        #结果为 True
print a==b        #判断 a 和 b 是否相等,结果为 False
print a%2!=0      #判断 a 是否是奇数,结果为 True
print b%2==0      #判断 b 是否是偶数,结果为 True
```

2.3.3.5 逻辑运算符

逻辑运算符一般和关系运算符结合使用,可以将两个或多个关系表达式连接成一个更复杂的表达式。逻辑运算符包括 and(与)、or(或)、not(非),逻辑运算符如表 2-6 所示。

表 2-6 逻辑运算符

逻辑运算符	使用方法	功能描述
and(与)	x and y	当 x 和 y 两个表达式都为真时,x and y 的结果才为真,否则为假
or(或)	x or y	当 x 和 y 两个表达式都为假时,x or y 的结果才为假,否则为真
not(非)	not x	相当于取反操作。x 为真,not x 的结果为假;x 为假,not x 的结果为真

下面几段示例代码更生动地表现了逻辑运算符的使用。

```
5>3 and 66.5>90
```

5＞3 的结果为 True,66.5＞90 的结果为 False,所以整个表达式的结果为 False,即表达式不成立。

```
score=95
print score>=90 and score<=100          #and 连接的表达式也可以简写为 90<=score
                                         #<=100
```

score>=90 的结果为 True,score<=100 的结果为 True,所以整个表达式的结果为 True,即表达式成立。

```
b=36
print b%3==0 and b%10==6
```

判断 b 是否是 3 的倍数,并且个位数字为 6。b%3==0 结果为 True,b%10==6 的结果为 True,所以整个表达式的结果为 True,即表达式成立。

Python 逻辑运算符可以操作任何类型的表达式,逻辑运算的结果不一定是布尔值,它也可以是任意类型。逻辑与、逻辑或运算符也称作短路操作符,支持惰性求值。惰性求值指仅在真正需要执行的时候才计算表达式的值,如表 2-7 所示。

表 2-7 惰性求值

逻辑运算符	使用方法	功 能 描 述
and(与)	x and y	如果 x 为 False,无须计算 y 的值,返回值为 x;否则返回 y 的值
or(或)	x or y	如果 x 为 True,无须计算 y 的值,返回值为 x;否则返回 y 的值

对于 and 运算符,惰性求值的规则如下。

(1) 如果左边表达式的值为假,那么就不用计算右边表达式的值,因为不管右边表达式的值是什么,都不会影响最终结果,最终结果都是假。此时 and 会把左边表达式的值作为最终结果。

(2) 如果左边表达式的值为真,那么最终值是不能确定的,and 会继续计算右边表达式的值,并将右边表达式的值作为最终结果。

例如:

```
print 3 and 5                       #结果为 5
print 0 and "Lazy Evaluation"       #结果为 0
print "hello" and "Lazy Evaluation" #结果为 Lazy Evaluation
```

当参与逻辑运算的数值为 0 时,则将它看作逻辑假(False),而将所有非 0 的数值都看作逻辑真(True)。

对于 or 运算符,惰性求值的规则如下。

(1) 如果左边表达式的值为真,那么就不用计算右边表达式的值,因为不管右边表达式的值是什么,都不会影响最终结果,最终结果都是真。此时 or 会把左边表达式的值作为最终结果。

(2) 如果左边表达式的值为假,那么最终值是不能确定的,or 会继续计算右边表达式的值,并将右边表达式的值作为最终结果。

例如：

```
print 3 or 5                              #结果为 3
print 0 or "Lazy Evaluation"              #结果为 Lazy Evaluation
print "hello" or "Lazy Evaluation"        #结果为 hello
```

2.3.3.6 运算符优先级和结合性

Python 为每种运算符设定了优先级。当多个运算符同时出现在一个表达式中时,运算符的优先级可以控制运算符的计算顺序。各运算符的优先级和结合性如表 2-8 所示。

表 2-8 各运算符的优先级和结合性

运　算　符	描　　　述	结合性	优先级顺序
＝,％＝,/＝,－＝,＋＝,＊＝,＊＊＝	赋值运算符	右	低
or	逻辑或	左	
and	逻辑与	左	
not	逻辑非	右	
＝＝,！＝,＞,＞＝,＜,＜＝	关系运算符	左	
＋,－	加法、减法	左	
＊,/,％	乘法、除法、模(取余)	左	
＋x,－x	正负号	右	
＊＊	幂	右	
( )	括号	无	高

圆括号的优先级最高,赋值运算符的优先级最低。有的运算符优先级不同,有的运算符优先级相同。

结合性就是当一个表达式中出现多个优先级相同的运算符时,先执行哪个运算符。先执行左边的叫左结合性,先执行右边的叫右结合性。例如,加减运算符由左向右结合,表达式 2＋3＋4 相当于(2＋3)＋4;赋值运算符由右向左结合,a＝b＝c 相当于 a＝(b＝c)。

虽然 Python 运算符存在优先级的关系,但是过度依赖运算符的优先级会导致程序的可读性降低。因此,一个复杂的表达式最好以圆括号来标记优先级,这样代码可读性强,而且也是一个良好的编程习惯。

用各种运算符可以构建不同的条件表达式。

例如,假设三角形的 3 条边分别为 a、b、c,能构成一个三角形的条件表达式为:

```
(a+b>c) and (a+c>b) and (b+c>a) and (a>0) and (b>0) and (c>0)
```

例如,闰年的判断条件为:能被 4 整除且不能被 100 整除的为闰年;或者能被 400 整除的是闰年。假设年份为 year,则表示 year 为闰年的条件表达式为:

```
(year%4==0 and year%100 !=0) or (year%400==0)
```

例如,飞行员报考的最基本条件为:男性身高 170~185cm,女性身高 165~180cm。设性别为 gender,身高为 height,满足飞行员基本条件的表达式:

```
(gender=="male" and 170<=height<=185) or (gender=="famale" and 165<=height
<=180)
```

2.3.3.7　内置函数

Python 解释器内置了大量可以直接使用的函数,它们被称为内置函数。内置函数无须定义和导入即可直接使用,提供了日常编程中需要用到的基础功能。例如程序段 2-3 中用到的函数 max()和 min()。

内置函数中,有 6 个与数值运算有关,如表 2-9 所示。

表 2-9　数值运算内置函数

函　　　数	函 数 描 述	示　　　例
abs(x)	求 x 的绝对值	abs(−2)结果等于 2
divmod(x,y)	(x/y,x%y),输出商和余数,结果为元组形式(也称为元组类型)	divmod(10,3) 结果等于(3,1)
pow(x,y[,z])	(x**y)%z,[]表示可选参数,当 z 省略时,等价于 x**y	pow(2,3) 结果等于 8 pow(2,3,3) 结果等于 2
round(x[,ndigits])	对 x 进行四舍五入操作,保留 ndigits 位小数,当 ndigits 省略时,返回 x 四舍五入后的整数值	round(3.4678,2) 结果等于 3.47
max(x1,x2,…,xn)	返回 x1,x2,…,xn 中的最大值	max(10,7,1) 结果等于 10
min(x1,x2,…,xn)	返回 x1,x2,…,xn 中的最小值	min(10,7,1) 结果等于 1

round()函数在实际使用中,并不总是如上文所说的四舍五入。
例如:

```
round(2.355,2)         #结果是 2.35,不是 2.36
```

这跟浮点数的精度有关,在计算机中浮点数不一定能被精确表达,因为换算成一串 1 和 0 后可能是无限位数的,机器已经做出了截断处理。因此,在计算机中保存的 2.355 这个数字就比实际数字要稍小一点,所以保留两位小数时就近似到了 2.35。

divmod()函数将两个(非复数)数字作为参数,将它们作整数除法,函数的返回值有两个:商和余数。
例如:

```
divmod(1234,10)
```

1234/10 整除结果为 123,1234%10 取余结果为 4,函数的返回值为元组形式(123,4)。
也可以将 divmod()函数的返回值分别赋给两个变量,例如:

```
a,b=divmod(1234,10)          #将 1234/100 结果赋给变量 a,将 1234%10 的结果赋给变量 b
print a                      #输出变量 a 的值 1234
print b                      #输出变量 b 的值 4
```

2.4 任务四 邮政编码解析

中国的邮政编码采用四级六位阿拉伯数字编码结构:前两位数字表示省(直辖市、自
治区);前三位数字表示邮区;前四位数字表示县(市);最后两位数字表示投递局(所)。

以邮政编码 448268 为例,它的前两位数 44 表示湖北省;前三位数 448 表示湖北省荆
门邮区;前四位数 4482 表示湖北省荆门市沙洋县邮局;最后两位 68 表示五里镇邮电支
局。所以邮政编码 448268 表示"湖北省荆门市沙洋县五里镇邮电支局"这一投递局。

2.4.1 任务目标

编写程序,从键盘输入一个邮政编码,输出它的前两位、前三位、前四位和最后两位
数字。

2.4.2 解决步骤

(1) 在 IDLE 中创建新文件,输入代码,如程序段 2-4 所示。

程序段 2-4

```
'''
功能:邮政编码解析
变量:postcode 表示邮政编码,two_digits 表示前两位,three_digits 表示前三位
     four_digits 表示前四位,last_two_digits 表示最后两位,temp 是一个临时变量
内置函数:divmod(x,y)得到两个数,商 x/y 和余数 x%y
'''
postcode=input()                              #从键盘输入一个六位整数
four_digits,last_two_digits=divmod(postcode,100)    #商是前四位,余数是最后两位
two_digits,temp=divmod(four_digits,100)
#利用 four_digits 继续作 divmod 处理,商是前两位,余数赋给临时变量 temp
three_digits,temp=divmod(four_digits,10)
#利用 four_digits 继续作 divmod 处理,商是前三位,余数赋给临时变量 temp
```

```
#输出结果
print two_digits
print three_digits
print four_digits
print last_two_digits
```

（2）运行程序，分别输入邮政编码 448268 和 100048，结果如图 2-13 所示。

```
====================== RESTART: D:/Python/p2-4.py ======================
448268
44
448
4482
68
>>>
====================== RESTART: D:/Python/p2-4.py ======================
100048
10
100
1000
48
>>>
```

图 2-13　任务四运行结果

2.4.3　必备知识

2.4.3.1　Python 程序的书写规则

（1）一般情况下，一行一条语句。

（2）从第一列开始，前面不能有任何空格，否则会产生语法错误。

（3）有适当的注释语句。

（4）Python 程序中所有的语法符号都必须是英文标点符号，字符串中的符号除外。

（5）Python 对代码的缩进要求非常严格，内容详见第 3 章。

2.4.3.2　注释的妙用

写程序的人有时候会突然发现：自己之前写的代码，现在再拿出来看，怎么看不懂了呢？这时候，适当的注释就体现出它的重要性。

注释是在编写程序时，程序员给语句、程序段、变量、函数等的解释和说明，其目的是让人们能够更加轻松地了解代码，以提高程序的可读性。

1. 多行注释

Python 中使用连续的三个单引号'''（或三个连续的双引号"""）作为多行注释的开头和结束符号。

例如在程序段 2-4 中，下面语句就是多行注释：

```
'''
功能：邮政编码解析
```

```
变量：postcode 表示邮政编码,two_digits 表示前两位,three_digits 表示前三位
    four_digits 表示前四位,last_two_digits 表示最后两位,temp 是一个临时变量
内置函数：divmod(x,y)得到两个数,商 x/y 和余数 x%y
'''
```

多行注释说明了程序的功能、每个变量的含义、内置函数用法。当变量名比较长时,适当的说明就显得非常必要。

2. 单行注释

使用井号"♯"作为单行注释的开始符号,直到这行结束为止的所有内容都是注释。

单行注释可以用于对若干行代码作统一说明,一般将注释放在代码的上一行。例如程序段 2-4 中的这一段：

```
#输出结果
print two_digits
print three_digits
print four_digits
print last_two_digits
```

单行注释也可以放在一行代码的右侧,对一条语句作出说明。例如在程序段 2-4 中的这一段：

```
two_digits,temp=divmod(four_digits,100)
#利用 four_digits 继续作 divmod 处理,商是前两位,余数赋给临时变量 temp
```

3. 注释不执行

注释是不被执行的语句。Python 解释器在执行代码时会忽略注释,不做任何处理,就好像它不存在一样。

没有注释的程序晦涩难懂。在程序的关键部位写上注释是一个良好的习惯,于人于己都清澈透亮。

2.4.3.3　算法的概念

算法是为解决问题而采用的方法和步骤。程序则是算法的具体实现。

例如,求下面多项式的和,有两种方法。

```
1+2+3+4+⋯+100=?
```

方法一：$1+2=3$

$3+3=6$

$6+4=10$

$\vdots$

$4950+100=5050$

方法二：$(1+100)*50=5050$

两种算法都可以完成多项式求和。很明显，方法二更简单、更高效，这要归功于伟大的"数学王子"高斯。

利用计算机解决问题，就需要像这样找出计算的步骤，即算法的设计，然后用编程语言写出程序。

求解同一问题通常可以使用多种算法，其效率可能不同。就像我们的目标是同一个地方，但是通向目标的过程和时间却可以不一样。

本章的任务四邮政编码解析，还可以用另一种算法实现，如程序段 2-5 所示。

程序段　2-5

```
'''
功能：邮政编码解析
变量：postcode 表示邮政编码,two_digits 表示前两位,three_digits 表示前三位
      four_digits 表示前四位,last_two_digits 表示最后两位
'''
postcode=input()
two_digits=postcode/10000          #利用/运算符,整除得到前两位
three_digits=postcode/1000         #利用/运算符,整除得到前三位
four_digits=postcode/100           #利用/运算符,整除得到前四位
last_two_digits=postcode%100       #利用%运算符,求余得到最后两位

#输出结果
print two_digits
print three_digits
print four_digits
print last_two_digits
```

两种算法的不同在于：一个利用 divmod() 函数，另一个利用运算符/和%。

其实，解析邮政编码或者复杂的身份证号，Python 有更简单的算法。当我们进行到第 5 章字符串时，新的算法定会让读者眼前一亮，脑洞大开。

2.5　任务五　椭圆的面积和周长

椭圆是一个神奇的图形，它的周长没有精确值。椭圆的周长公式有几个近似公式，下面的公式是其中之一。

下面的面积计算公式为

$$s=\pi ab$$

椭圆的周长计算公式为：

$$c\approx 2\pi\sqrt{\frac{a^2+b^2}{2}}$$

其中，a 和 b 分别是半长轴和半短轴的长度。

2.5.1 任务目标

编写程序，从键盘输入椭圆半长轴和半短轴的长度，计算椭圆的面积和周长，结果保留两位小数。

2.5.2 解决步骤

（1）在 IDLE 中创建新文件，输入代码，如程序段 2-6 所示。

程序段 2-6

```
'''
功能：计算椭圆面积和周长。代码中引用了 math 库中的圆周率 pi 和平方根函数 sqrt
变量：a 表示半长轴,b 表示半短轴,s 表示面积,c 表示周长
'''
from math import *
a,b=input()
s=pi * a * b
c=2 * pi * sqrt((a * * 2+b * * 2)/2.0)
print "s=%.2f"%s
print "c≈%.2f"%c
```

（2）运行程序，分别输入长半轴 4 和短半轴 2，长半轴 17 和短半轴 9，结果如图 2-14 所示。

```
===================== RESTART: D:/Python/p2-6.py =====================
4,2
s=25.13
c≈19.87
>>>
===================== RESTART: D:/Python/p2-6.py =====================
17,9
s=480.66
c≈85.46
```

图 2-14 任务五运行结果

2.5.3 必备知识

2.5.3.1 math 标准库

Python 不仅提供了大量的内置函数，还提供了非常庞大的、涉及范围广泛的标准库。

标准库是随着 Python 安装时默认自带的库。例如：用于生成随机数的 random 库；管理日期和时间的 datetime 库；管理日历和年历的 calendar 库；提供了数学常数和数学

函数的 math 库等。

math 标准库支持整数和浮点数运算，Python 2 中提供了两个数学常数和若干数学函数。

math 库中的数学常数如表 2-10 所示。在程序段 2-6 中，引用了数学常数 pi。

表 2-10 数学常数

常 数	描 述
math.pi	圆周率，值为 3.141592653589793
math.e	自然对数，值为 2.718281828459045

math 库中的常用数学函数如表 2-11 所示。在程序段 2-6 中，引用了数学函数 sqrt()。

表 2-11 常用数学函数

函 数	描 述	示 例
math.ceil(x)	向上取整，返回不小于 x 的最小整数	math.ceil(2.3) 的结果是 3.0
math.floor(x)	向下取整，返回不大于 x 的最大整数	math.floor(2.3) 的结果是 2.0
math.factorial(x)	返回 x 的阶乘	math.factorial(5)的结果是 120
math.pow(x,y)	返回 x 的 y 次幂	math.pow(2,3)的结果是 8.0
math.sqrt(x)	返回 x 的平方根	math.sqrt(4)的结果是 2.0
math.sin(x)	返回 x 的正弦函数值，x 为弧度值	math.sin(90 * math.pi/180)的结果是 1.0
math.cos(x)	返回 x 的余弦函数值，x 为弧度值	math.cos(math.pi)的结果是 −1.0
math.radians(x)	角度 x 的角度值转弧度值	math.radians(90)的结果是 1.5707963267948966

2.5.3.2 math 库的引用

math 库中的常数和函数不能直接使用，需要先使用保留字 import 引用该库。

1. 第一种引用方法：import math

引用后，如果使用 math 库中的常数或函数，需要常数或函数前面写上库名，即"math."，如图 2-15 所示。

2. 第二种引用方法：from math import＜函数名＞

用 import 直接引用 math 中的常数和函数（用逗号隔开），使用指定的常数和函数时，前面不需要再加上库名 math，如图 2-16 所示。

3. 第三种引用方法：from math import *

采用这样的方式引入 math 库，则库中的所有常数和函数都可以直接使用，前面不需要加上"math."，如图 2-17 所示。

```
>>> import math
>>> math.pi
3.141592653589793
>>> math.sqrt(4)
2.0
>>> math.pow(2,6)
64.0
>>>
```

图 2-15　第一种方法
　　　　引用示例

```
>>> from math import pi,sqrt
>>> pi
3.141592653589793
>>> sqrt(4)
2.0
>>>
```

图 2-16　第二种方法
　　　　引用示例

```
>>> from math import*
>>> pi
3.141592653589793
>>> sqrt(4)
2.0
>>> pow(9,3)
729.0
>>>
```

图 2-17　第三种方法
　　　　引用示例

程序段 2-6 中采用的是第三种引用方法,代码中直接使用常数 pi 和平方根函数 sqrt()。

2.5.3.3　查看标准库的内容

如果要查看 math 标准库中包含的所有常数和函数,可以用内置函数 dir()查看,如图 2-18 所示。

```
>>> import math
>>> dir(math)
['__doc__', '__name__', '__package__', 'acos', 'acosh', 'asin', 'asinh', 'atan', 'atan2',
'atanh', 'ceil', 'copysign', 'cos', 'cosh', 'degrees', 'e', 'erf', 'erfc', 'exp', 'expm1', 'fabs', 'f
actorial', 'floor', 'fmod', 'frexp', 'fsum', 'gamma', 'hypot', 'isinf', 'isnan', 'ldexp', 'lgamma',
 'log', 'log10', 'log1p', 'modf', 'pi', 'pow', 'radians', 'sin', 'sinh', 'sqrt', 'tan', 'tanh', 'trunc']
>>>
```

图 2-18　查看 math 库中的所有常数和函数

2.5.3.4　程序的简单开发流程

下面以华氏温度与摄氏温度转换问题为例,介绍程序的简单开发流程。

1. 分析问题

提出问题,分析程序有什么输入,对输入的数据进行什么处理,处理后有什么结果输出。

问题:输入一个华氏温度值,计算对应的摄氏温度值,温度转换公式为

$$C = \frac{5}{9}(F\text{-}32)$$

输入:输入是程序的开始,输入华氏温度值。

输出:输出是显示运算结果的方式,输出摄氏温度值。

2. 设计算法

算法是程序最重要的部分。可以说,算法是一个程序的灵魂。

用伪代码描述算法步骤如下:

(1) 输入华氏温度值,赋给变量 F
(2) 根据温度转换公式,计算摄氏温度值,赋给变量 C
(3) 输出变量 C 的值

3. 编写程序

根据算法,编写程序代码。代码如程序段 2-7 所示。

程序段　2-7

```
F=input()
C=5.0/9*(F-32)
print format(C,".2f")
```

4. 测试程序

测试程序就是通过输入几组样本数据,来验证输出结果是否正确。

如果运行中断出现错误提示,或者运行结果不正确,那就需要进行程序的调试。

检查标点符号是否全部为英文符号;检查函数拼写是否正确;检查计算表达式中的运算符是否正确;检查运算符"/"是整除结果还是浮点数的结果;检查语句是否从第一列开始……需要检查各种问题,直到结果正确为止。

2.6　小　　结

本章主要知识点有:

- 变量和变量名、变量的命名规则、变量的赋值和引用;
- Python 的基本数据类型——数字类型、字符串、列表、元组、字典、集合;
- 数字类型——整数、浮点数、复数、布尔类型;
- 程序的输入 input()和程序的输出 print;
- 运算符——算数运算符、复合赋值运算符、关系运算符、逻辑运算符;
- Python 程序的书写规则、注释的重要性、算法的概念;
- 内置函数的使用;
- math 标准库的引用;
- 程序的简单开发流程。

2.7　动手写代码

1. 从键盘输入一个人的年龄,输出其年龄对应的天数。

2. 从键盘输入 Tom 的体重,单位是英磅(lbs),换算成千克(kg)并输出(1 千克＝2.2046226 英磅)。

3. 从键盘输入两个整数,求这两个数的和以及平均值。

4. 输入一个华氏温度,计算并输出对应的摄氏温度值,结果保留 2 位小数。温度转换公式：

$$C = \frac{5}{9}(F - 32)$$

5. 输入一个四位数，请输出这个数前两位与后两位的和。例如输入 1234，则输出 46。

6. 输入圆的半径，求出圆的周长和面积，圆周率为 3.14。

7. 计算地球的表面积和体积，圆周率用 math 库中的 pi。

第 3 章 选择结构

 顺序结构是最简单的程序结构,语句按照从上到下的顺序依次执行。但在实际使用中,还经常需要根据给定的条件进行分析、比较和判断,并按判断后的不同情况进行不同的处理,这属于程序设计中的选择结构。

 Python 提供了多种形式的选择结构,有单分支结构、双分支结构和多分支结构,可以根据指定的条件选择执行不同的程序分支。

3.1 任务一 马拉松成绩

3.1.1 任务目标

 全民健身,人人参与。专业选手小马和业余选手小白一起参加了北京马拉松,两位都顺利完赛。编写程序,从键盘输入两个人的成绩(小时和分钟),计算时间间隔并输出。

3.1.2 操作步骤

 (1) 在 IDLE 中创建新文件,输入代码,如程序段 3-1 所示。

程序段 3-1

```
hour1,minute1=input()              #输入专业选手成绩
hour2,minute2=input()              #输入业余选手成绩
hour=hour2-hour1
minute=minute2-minute1
if minute<0:
    minute=minute+60
    hour=hour-1
print "时间间隔是{:d}小时{:d}分钟".format(hour,minute)
```

 (2) 运行程序,结果如图 3-1 所示。

 在 Shell 窗口中分别输入两个成绩,输出计算结果。

```
================ RESTART: D:\Python\p3-1.py ================
2,48
3,56
时间间隔是1小时8分钟
>>>
================ RESTART: D:\Python\p3-1.py ================
2,50
4,17
时间间隔是1小时27分钟
>>>
```

图 3-1　任务一运行结果

3.1.3　必备知识

3.1.3.1　单分支 if 语句格式和执行过程

单分支是最简单的选择结构,语法格式如下:

```
if 条件:
    语句块
```

语句执行时先对条件进行判断,当条件成立,也就是条件为 True 时,执行语句块。条件不成立时,直接执行 if 语句后面的语句。

语句块执行结束后,将接着执行 if 语句后面的语句。

3.1.3.2　单分支 if 语句使用说明

单分支 if 语句的条件可以是关系表达式或逻辑表达式,也可以是其他类型的数据。对于非布尔类型的数据,Python 设定 0 和空值(如空字符串、空列表)为 False,任何非 0 和非空值为 True。例如下面的 if 语句条件为 True:

```
n=31.6
if n%7:          #条件是非 0 值(n%7 结果为 3.6)
```

而下面两个 if 语句条件则为 False:

```
if 0:            #条件是 0 值
```

和

```
s=""
if s:            #条件是空字符串
```

语句块是一条或多条要执行的 Python 语句。语句块必须要有缩进,如果是多条语句,则所有语句的缩进量必须相同。

条件后面的冒号不能省略,它表示接下来是满足条件后要执行的语句块。

第 3 章　选择结构 ———————— **45**

3.1.3.3 Python 缩进规则

Python 语法的一个重要特色是使用缩进来表示语句块,而不是像其他语言一样使用花括号。Python 对于代码缩进有严格的规定,不同的缩进量表示代码的不同层次。

(1)同一语句块的所有语句都要缩进,而且缩进量必须相同。

如果同一语句块的不同语句有不同的缩进量,那么在运行代码时会引发错误提示。例如程序段 3-1 的 if 语句部分写成如下格式:

```
if minute<0:
    minute=minute+60
  hour=hour-1
```

运行该程序时,会弹出如图 3-2 所示的窗口,提示两条语句的缩进量不相同。

(2)不能随意使用缩进。

对于没有包含在选择、循环、函数、类等结构中的语句,不能使用缩进,否则会在运行时出现 unexpected indent 的语法错误提示。

(3)缩进量没有统一规定。

Python 要求语句块必须缩进,但是对缩进量没有具体的规定。编写代码时一般使用空格或者 Tab 键实现缩进,可以是 n 个空格,也可以是 n 个 Tab 键的位置。

建议不同层次之间使用 4 个空格或 1 个 Tab 键位置作为缩进,但是不要混用。

IDLE 开发环境是以 4 个空格作为代码的默认缩进量。选择菜单栏中的 Options→Configure IDLE 命令,会弹出如图 3-3 所示的对话框,可以在其中对默认缩进量进行设置。

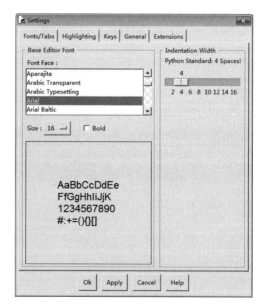

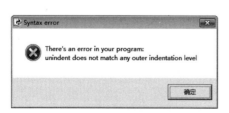

图 3-2　语法错误提示窗口　　　　　　　图 3-3　配置对话框

3.2 任务二 闰年

3.2.1 任务目标

编写程序,从键盘输入年份,判断该年是否为闰年。

3.2.2 操作步骤

(1) 在 IDLE 中创建新文件,输入代码,如程序段 3-2 所示。

程序段 3-2

```
import calendar
y=input()
if calendar.isleap(y)==True:
    print "是闰年"
else:
    print "不是闰年"
```

(2) 运行程序,结果如图 3-4 所示。

```
================ RESTART: D:\Python\p3-2.py ================
2024
是闰年
>>>
================ RESTART: D:\Python\p3-2.py ================
1900
不是闰年
>>>
```

图 3-4 任务二运行结果

3.2.3 必备知识

3.2.3.1 双分支 if 语句格式和执行过程

双分支 if 语句的语法格式如下:

```
if 条件:
    语句块 1
else:
    语句块 2
```

语句执行时先对条件进行判断,当条件为 True 时,执行语句块 1,否则执行 else 后面的语句块 2。

语句块 1 或语句块 2 执行结束后,将接着执行 if 语句后面的语句。

3.2.3.2　双分支 if 语句使用说明

双分支 if 语句的条件和语句块的含义与单分支 if 语句相同。每次运行程序时,语句块 1 和语句块 2 之间只能执行一个。

条件和 else 后面的冒号都不能省略。else 子句不能单独出现,必须在 if 后面使用。

calendar 是 Python 中的日历模块,模块中包含与日历相关的一些函数。isleap (year)是其中之一,它的功能是判断闰年。如果 year 是闰年则函数值为 True,否则为 False。

使用 calendar 模块中的函数前,必须先导入模块,语句如下:

```
import calendar
```

有关 Python 函数使用的更多知识可参见本书后续章节的内容。

3.3　任务三　空气质量指数

3.3.1　任务目标

保护生态环境,从生活点滴开始,从加深了解入手。编写程序,根据从键盘输入的空气质量指数 AQI,输出相应的等级。

3.3.2　操作步骤

(1) 在 IDLE 中创建新文件,输入代码,如程序段 3-3 所示。

程序段　3-3

```
aqi=input()
if 0<=aqi<=50:
    print "优"
elif 51<=aqi<=100:
    print "良"
elif 101<=aqi<=150:
    print "轻度污染"
elif 151<=aqi<=200:
    print "中度污染"
elif 201<=aqi<=300:
```

```
    print "重度污染"
elif aqi>300:
    print "严重污染"
```

（2）运行程序,结果如图3-5所示。

```
================================ RESTART: D:/Python/p3-3.py ================================
96
良
>>>
================================ RESTART: D:/Python/p3-3.py ================================
151
中度污染
>>>
================================ RESTART: D:/Python/p3-3.py ================================
482
严重污染
>>>
================================ RESTART: D:/Python/p3-3.py ================================
50
优
>>>
```

图 3-5 任务三运行结果

3.3.3 必备知识

3.3.3.1 多分支 if 语句格式和执行过程

多分支 if 语句的语法格式如下：

```
if 条件 1:
        语句块 1
elif 条件 2:
        语句块 2
⋮
elif 条件 n:
        语句块 n
[else:
        语句块 n+1]
```

语句执行时,先对条件 1 进行判断,如果值为 True,则执行语句块 1。如果值为 False,则对条件 2 进行判断。如果条件 2 为 True,则执行语句块 2。以此类推,当某个条件为 True 时,就执行下面对应的语句块。如果所有的条件都为 False,而且语句有 else 项,则执行语句块 n+1。若没有 else 项,则直接执行 if 语句后面的语句。

任一语句块执行结束后,将接着执行 if 语句后面的语句。

3.3.3.2 多分支 if 语句使用说明

多分支 if 语句的条件和语句块的含义与单分支 if 语句相同。elif 是 else if 的缩写。

elif 和 else 子句都不能单独使用,必须和 if 一起出现,并且要正确配对。

一个多分支 if 语句中可以包含多个 elif 子句,但结尾只能有一个 else 子句。

多分支 if 语句执行时,不管有多少个分支,都只能执行一个分支,或者一个也不执行,不能同时执行多个分支。因此,即使语句中有多个条件为 True,也只执行第一个条件为 True 的分支,其他分支将不再执行。对于多分支语句,要注意条件书写的顺序。

3.4 任务四 出租车费用

3.4.1 任务目标

城市中不同类型的网约车起步价和计费分别为:1 类车起步价 14 元/3 千米,3 千米以外 1.5 元/千米;2 类车起步价 16 元/3 千米,3 千米以外 1.8 元/千米;3 类车起步价 20 元/3 千米,3 千米以外 2.5 元/千米。从键盘输入网约车的车型及距离,计算应付的车费并输出。

3.4.2 操作步骤

(1) 在 IDLE 中创建新文件,输入代码,如程序段 3-4 所示。

程序段 3-4

```
model=input("输入车型: ")
dist=input("输入距离: ")
if model==1:
    if dist<=3:
        cost=14
    else:
        cost=14+(dist-3)*1.5
elif model==2:
    if dist<=3:
        cost=16
    else:
        cost=16+(dist-3)*1.8
elif model==3:
    if dist<=3:
        cost=20
    else:
        cost=20+(dist-3)*2.5
print "车费是",cost
```

（2）运行程序，结果如图 3-6 所示。

```
============================= RESTART: D:\Python\p3-4.py =============================
输入车型：1
输入距离：2
车费是 14
>>>
============================= RESTART: D:\Python\p3-4.py =============================
输入车型：2
输入距离：15.8
车费是 39.04
>>>
============================= RESTART: D:\Python\p3-4.py =============================
输入车型：3
输入距离：46
车费是 127.5
>>>
```

图 3-6　任务四运行结果

3.4.3　必备知识

3.4.3.1　if 语句的嵌套

if 语句的嵌套是在 if 语句的语句块中包含另一个 if 语句。例如，在单分支 if 语句中嵌套双分支 if 语句，形式如下：

```
if 条件 1:
    if 条件 2:
        语句块 1
    else:
        语句块 2
```

或者在双分支 if 语句中嵌套单分支 if 语句，形式如下：

```
if 条件 1:
    if 条件 2:
        语句块 1
else:
    语句块 2
```

在 Python 中，单分支 if 语句、双分支 if-else 语句和多分支 if-elif-else 语句之间可以相互嵌套。在相互嵌套时，一定要严格遵守不同层次语句块的缩进规则。

嵌套的 if 语句一般都可以用多分支 if 语句实现，因此，任务四的代码也可以如程序段 3-5 所示。

程序段　3-5

```
model=input("输入车型：")
dist=input("输入距离：")
if model==1 and dist<=3:
```

第 3 章　选择结构 ———————————— **51**

```
        cost=14
elif model==1 and dist>3:
        cost=14+(dist-3) * 1.5
elif model==2 and dist<=3:
        cost=16
elif model==2 and dist>3:
        cost=16+(dist-3) * 1.8
elif model==3 and dist<=3:
        cost=20
elif model==3 and dist>3:
        cost=20+(dist-3) * 2.5
print "车费是",cost
```

3.4.3.2   pass 语句

编写代码是一个不断完善的过程,不是一蹴而就的事情。当有些代码的思路还不完整时,可能会出现空代码,但在运行程序时,Python 会对空代码部分给出错误提示。例如下面的程序:

```
x=input()
if x%9==0:
        #语句待补充
else:
        print x
```

运行时会给出如图 3-7 所示的错误提示。

图 3-7   空代码错误提示

而将程序改为如下形式则可以正确运行。

```
x=input()
if x%9==0:
        pass
else:
        print x
```

pass 是 Python 的空语句,解释器执行 pass 语句时,除了检查语法是否合法,其他什么也不做。对于选择、循环、函数定义、类定义等不允许出现空代码的结构,pass 语句可以避免出现错误。

——————— Python 程序设计任务驱动式教程

3.5　小　　结

本章主要知识点有:

- 单分支 if 语句;
- 双分支 if 语句;
- 多分支 if 语句;
- if 语句的嵌套;
- pass 语句。

3.6　动手写代码

1. 编写程序,判断输入的数字是否为 21 的倍数。

2. 编写程序,将输入的任意 3 个数按从大到小的顺序输出。

3. 编写程序,计算一元二次方程 $ax^2+bx+c=0$ 的实根。有以下几种可能:

(1) $a=0$,不是一元二次方程;

(2) $b^2-4ac=0$,有两个相等的实根;

(3) $b^2-4ac>0$,有两个不等的实根。

(4) $b^2-4ac<0$,无实根。

4. 编写程序,根据输入的 3 条边长值计算三角形面积。如果输入值不符合"任意两边之和大于第三边",则给出错误提示。

5. 编写程序,计算个人收入所得税。起征点为 5000 元,超过 5000 元的部分按表 3-1 规则计算。

表 3-1　计算规则

应纳税所得额	税率	速算扣除数
不超过 3000 元	3%	0
超过 3000 元至 12000 元	10%	210
超过 12000 元至 25000 元	20%	1410
超过 25000 元至 35000 元	25%	2660
超过 35000 元至 55000 元	30%	4410
超过 55000 元至 80000 元	35%	7160
超过 80000 元	45%	15160

提示:如收入为 10000 元,则应纳税所得额为 $10000-5000=5000$ 元,按表 3-1 中第 2 行税率进行计算,所得税为 $5000×10\%-210=290$ 元。

6. 编写程序,将一年中的 12 个月分成 4 个季节输出。

第 4 章　循环结构

　　顺序、选择和循环是结构化程序设计的三种基本结构,掌握这三种结构是学好程序设计的基础。而循环结构是这三者中最复杂的一种结构,几乎所有的程序都离不开循环结构。

　　在编写程序时,常遇到一些操作过程不太复杂,但又需要反复进行相同处理的问题。例如,统计本单位所有人员的工资,计算全班同学各科的平均成绩等,这些问题的解决逻辑上并不复杂,但如果单纯用顺序结构来处理,那将得到一个非常乏味且冗长的程序。

　　解决这类问题的最好办法就是利用循环结构,循环结构可以减少程序重复书写的工作量,常用来描述重复执行某段算法的问题。循环结构是程序设计中最能发挥计算机特长的程序结构。

　　Python 中实现循环结构的语句有 while 循环语句和 for 循环语句。

4.1　任务一　格里高利公式计算 π 值

4.1.1　任务目标

　　编写程序,利用如下格里高利公式求 π 的近似值,公式最后一项的绝对值小于输入的 n, π 值精确到 5 位小数。

$$\frac{\pi}{4} = 1 - \frac{1}{3} + \frac{1}{5} - \frac{1}{7} + \frac{1}{9} - \cdots$$

4.1.2　操作步骤

　　(1) 在 IDLE 中创建新文件,输入代码,如程序段 4-1 所示。

程序段　4-1

```
n=input()
pi=0
i=1
f=1
```

```
while 1.0/i>n:
    pi=pi+1.0/i * f
    f=-f
    i=i+2
print "%.5f" %(pi * 4)
```

（2）运行程序，结果如图 4-1 所示。

```
==================== RESTART: D:\Python\p4-1.py ====================
0.00001
3.14157
>>>
==================== RESTART: D:\Python\p4-1.py ====================
0.000001
3.14159
>>>
```

图 4-1　任务一运行结果

4.1.3　必备知识

4.1.3.1　while 语句格式和执行过程

while 语句的语法格式如下：

```
while 条件:
    循环体
```

语句执行时首先对条件进行判断，当条件成立，即条件值为真（True）时，执行循环体中的语句。然后再重新判断条件的值，若仍为 True，则继续执行循环体，直到条件值为假（False）时，循环执行结束。

4.1.3.2　while 语句使用说明

循环体是每次循环重复执行的语句。它可以是一条语句，也可以是包含多条语句的语句块，语句块中的所有语句必须使用相同的缩进格式。

使用 while 循环时必须注意的是，一定要保证循环条件会变为 False，否则循环语句无法结束，就会形成无限循环，即死循环。例如下面的程序：

```
i=1
while i<=100:
    print i,
```

因为 i 的值始终为 1，所以条件 i<=100 也始终为 True，运行程序时 Python 解释器会一直输出 1，永远不会结束，除非强制关闭解释器。

4.2 任务二 流星雨年历

狮子座流星雨被称为流星雨之王,是与周期大约 33 年的坦普尔·塔特尔彗星相连的流星雨。因此,平均每 33 年狮子座流星雨会出现一次高峰期,上一次是 1998 年,下一次将在 2031 年。

4.2.1 任务目标

编写程序,输入起始和终止年份,输出中间流星雨高峰期的所有年份,每行输出 5 个数字。

4.2.2 操作步骤

(1) 在 IDLE 中创建新文件,输入代码,如程序段 4-2 所示。

程序段 4-2

```
ystart=input("输入起始年份: ")
yend=input("输入终止年份: ")
count=0
yt=(ystart-1998)/33
nystart=1998+33*(yt+1)
for year in range(nystart,yend+1,33):
    print year,
    count=count+1
    if count%5==0 or year==yend:
        print
```

(2) 运行程序,结果如图 4-2 所示。

```
================= RESTART: D:\Python\p4-2.py =================
输入起始年份: 1821
输入终止年份: 2050
1833 1866 1899 1932 1965
1998 2031
>>>
================= RESTART: D:\Python\p4-2.py =================
输入起始年份: 2000
输入终止年份: 2500
2031 2064 2097 2130 2163
2196 2229 2262 2295 2328
2361 2394 2427 2460 2493
>>>
```

图 4-2 任务二运行结果

Python 程序设计任务驱动式教程

4.2.3 必备知识

4.2.3.1 for 语句格式和执行过程

for 循环一般用于迭代序列,语句的语法格式如下:

```
for 迭代变量 in 序列:
    循环体
```

语句执行时迭代变量依次获取序列中的元素,每获取一个元素值,循环体就执行一次。序列中的元素全部遍历完以后,循环结束执行。

序列可以是字符串、元组、列表类型的有序序列,也可以是字典、集合类型的无序序列。

4.2.3.2 range()函数

range()函数是 Python 的内置函数,用于生成一个整数序列,在 Python 2 中,生成的是整数列表。函数的语法格式为:

```
range(start, stop[, step])
```

各参数说明如下:

start:序列从 start 开始,默认值为 0。

stop:序列到 stop 结束,但不包含 stop。

step:步长,默认值为 1。步长可以是正数(递增序列),也可以是负数(递减序列)。

以下为 range()函数的使用实例:

```
>>>range(10)
[0, 1, 2, 3, 4, 5, 6, 7, 8, 9]
>>>range(2,10)
[2, 3, 4, 5, 6, 7, 8, 9]
>>>range(1,10,3)
[1, 4, 7]
>>>range(10,0,-1)
[10, 9, 8, 7, 6, 5, 4, 3, 2, 1]
```

4.2.3.3 for 语句使用说明

1. 循环体执行次数

和 while 语句相同,for 语句中的循环体也是每次循环重复执行的语句。它可以是一条语句,也可以是包含多条语句的语句块,语句块中的所有语句必须使用相同的缩进格式。

基于 range()函数的用法,下面的 for 语句运行时,迭代变量 i 的值依次为 0、1、2、3、4、5、6、7、8、9,循环体运行 10 次。

```
for i in range(10):
    循环体
```

2. 迭代变量赋值

与 while 语句不同,for 语句中的迭代变量是从序列中获取值,所以一般不需要在循环体中对迭代变量赋值。例如程序段 4-3 用于计算 1+2+3+…+10,运行结果是 55。

程序段　4-3

```
sum=0
for i in range(1,11):
    sum=sum+i
print sum
```

程序段 4-4 虽然在循环体中对 i 进行了赋值,但是对运行结果不产生影响,与程序段 4-3 结果相同。

程序段　4-4

```
sum=0
for i in range(1,11):
    sum=sum+i
    i=i+1
print sum
```

3. 循环的使用

for 循环和 while 循环都可以解决循环次数预先能够确定的问题。而对于只知道控制条件,但不能预先确定需要执行多少次循环体的情况,一般使用 while 循环。

因此任务二也可以用 while 循环实现,如程序段 4-5 所示。

程序段　4-5

```
ystart=input("输入起始年份: ")
yend=input("输入终止年份: ")
count=0
yt=(ystart-1998)/33
nystart=1998+33*(yt+1)
year=nystart
while year<=yend:
    print year,
    year=year+33
```

```
count=count+1
if count%5==0 or year==yend:
    print
```

4.3 任务三 鲜花送祝福

不论是表达心意,还是装点生活,鲜花都已是越来越多人的选择。小程为朋友生日选购鲜花,几种鲜花的价格分别为:百合 8 元 1 支,玫瑰 5 元 1 支,满天星 10 元 3 支。

4.3.1 任务目标

编写程序,输入花费金额和购买鲜花的总数,输出每种鲜花的购买数量。若没有匹配的结果,则输出"No solution"。

4.3.2 操作步骤

(1) 在 IDLE 中创建新文件,输入代码,如程序段 4-6 所示。

程序段　4-6

```
cost=input("输入购买金额: ")
num=input("输入购买总数: ")
flag=0
for lily in range(0,num+1):
    for rose in range(0,num+1):
        for star in range(0,num+1,3):
            if lily+rose+star==num and lily*8+rose*5+star/3*10==cost:
                print "百合{:d},玫瑰{:d},满天星{:d}".format(lily,rose,star)
                flag=1
if flag==0:
    print "No solution"
```

(2) 运行程序,结果如图 4-3 所示。

```
================= RESTART: D:\Python\p4-3.py =================
输入购买金额: 200
输入购买总数: 50
百合0, 玫瑰20, 满天星30
百合5, 玫瑰6, 满天星39
>>>
================= RESTART: D:\Python\p4-3.py =================
输入购买金额: 90
输入购买总数: 28
No solution
>>>
```

图 4-3　任务三运行结果

4.3.3　必备知识

4.2.3.1　循环嵌套的语句格式

在一个循环体内包含另一个完整的循环,这样的结构称为多重循环或循环的嵌套。在程序设计时,许多问题要用二重或多重循环才能解决。

for 循环和 while 循环可以互相嵌套。在 for 循环体中可以包含 for 循环,也可以包含 while 循环,而在 while 循环体中可以包含 while 循环,也可以包含 for 循环。

例如,下面是 for 循环嵌套 for 循环的形式:

```
for i in range(1,10):
    for j in range(1,5):
        循环体 1
    循环体 2
```

下面是 while 循环嵌套 while 循环的形式:

```
while a<=20:
    while b>3:
        循环体 1
    循环体 2
```

下面是 for 循环嵌套 while 循环的形式:

```
for m in range(16):
    while n>5:
        循环体 1
    循环体 2
```

4.2.3.2　循环嵌套的执行

循环嵌套结构的代码执行流程如下。

(1) 外层循环条件为 True 时,执行外层循环结构中的循环体。

(2) 外层循环体中包含的内层循环的循环条件为 True 时,执行内层循环中的循环体,直到内层循环条件为 False,跳出内层循环。

(3) 如果此时外层循环的条件仍为 True,则返回第(2)步,继续执行外层循环体,直到外层循环的循环条件为 False。

(4) 当内层循环的循环条件为 False,并且外层循环的循环条件也为 False 时,整个循环嵌套结束执行。

4.2.3.3　循环嵌套使用说明

无论是哪种循环嵌套形式,都需要注意:每一层循环中的所有语句,无论是内嵌的循环结构还是一般的语句,都必须使用相同的缩进格式。例如,程序段 4-7 中内嵌的 for 循环结构和语句 i=i+1 以及 print 处于同一层次,缩进格式必须相同。

程序段 4-7

```
i=1
while i<10:
    for j in range(1,10):                    #同一层次循环中所有语句的缩进量相同
        print "%d * %d=%d " %(i,j,i * j),
    i=i+1
    print
```

4.4 任务四 无人机编队

无人机表演需要组成不同的编队队形,第一排的数量与后面各排的数量不同,第一排为 10 架时后面每排为 17 架,第一排为 16 架时后面每排为 21 架,第一排为 7 架时后面每排为 27 架。

4.4.1 任务目标

编写程序,计算至少需要多少架无人机参与表演。

4.4.2 操作步骤

(1) 在 IDLE 中创建新文件,输入代码,如程序段 4-8 所示。

程序段 4-8

```
drone=1
while drone>0:
    if drone%17==10 and drone%21==16 and drone%27==7:
        print "至少需要{:d}架".format(drone)
        break
    drone=drone+1
```

(2) 运行程序,结果如图 4-4 所示。

```
========================= RESTART: D:\Python\p4-4.py =========================
至少需要520架
>>>
```

图 4-4 任务四运行结果

4.4.3　必备知识

4.4.3.1　循环的中断

一般情况下,while 循环中的条件为假时,循环结束,for 循环中的序列全部元素遍历后,循环结束。

但在某些情况下,循环可以不按照预先设计的那样执行,需要在循环代码的处理上有更精细的控制。例如,浏览列表,查找到满足条件的数据后,就没有必要再对列表中其他数据进行测试了。或者为了便于程序调试,需要提前强制退出循环。

Python 提供了两种中断控制流程的语句:break 和 continue。

4.4.3.2　break 语句

break 语句用于 while 循环或 for 循环中时,可以立即结束当前循环的执行,跳出当前所在的循环结构而执行循环后面的语句。break 语句一般与 if 语句搭配使用,表示在某种条件下提前结束循环。

例如程序段 4-9 的运行结果为 1 2,因为 break 语句在 i 的值为 3 时终止了整个循环。

程序段　4-9

```
for i in range(1,11):
    if i%3==0:
        break
    print i,
```

注意:对于嵌套的循环结构,break 语句只能结束其所在循环体的执行,而不能结束所有层次循环体的执行。

例如,程序段 4-10 的运行结果如图 4-5 所示。

程序段　4-10

```
for i in range(1,4):
    print "i=",i
    for j in range(1,4):
        if i * j==6:
            break
        print "j=",j,
        print "%d * %d=%d" %(i,j,i * j)
```

当 i=2 且 j=3 时,条件 i * j==6 为真,执行 break 语句,结束内层循环 for j in range(1,4)的执行,但是并不能同时结束外层循环 for i in range(1,4)的执行,因此程序

```
i= 1
j= 1 1*1=1
j= 2 1*2=2
j= 3 1*3=3
i= 2
j= 1 2*1=2
j= 2 2*2=4
i= 3
j= 1 3*1=3
```

图 4-5　程序段 4-10 运行结果

流程会进入 i＝3 的运行。

4.4.3.3　continue 语句

continue 语句用于 while 循环或 for 循环中时,仅结束本次循环,跳过循环中的剩余语句,然后继续执行下一次循环。continue 语句也常与 if 语句一起使用,用来加速循环。

例如,程序段 4-11 的运行结果为 1 2 4 5 7 8 10,因为程序在 i 的值为 3、6 和 9 时分别执行了 continue 语句,终止当次循环,但是整个循环结构并没有结束,会从 i 的下一个值继续运行。

程序段　4-11

```
for i in range(1,11):
    if i%3==0:
        continue
    print i,
```

4.5　任务五　素数

4.5.1　任务目标

编写程序,输入整数 m 和 n,输出 m 到 n 之间所有的素数。

4.5.2　操作步骤

(1) 在 IDLE 中创建新文件,输入代码,如程序段 4-12 所示。

程序段　4-12

```
m,n=input()
for prime in range(m,n+1):
```

```
for i in range(2,prime):
    if prime%i==0:
        break
else:
    print prime,
```

（2）运行程序，结果如图 4-6 所示。

```
============================ RESTART: D:\Python\p4-5.py ============================
50,132
53 59 61 67 71 73 79 83 89 97 101 103 107 109 113 127 131
>>>
============================ RESTART: D:\Python\p4-5.py ============================
1111,1160
1117 1123 1129 1151 1153
>>>
```

图 4-6　任务五运行结果

4.5.3　必备知识

4.5.3.1　循环中的 else 语句

在 Python 中，while 循环和 for 循环结构中都可以包含一个 else 语句。语法格式分别为：

```
while 条件:
    循环体
else:
    语句块
```

和

```
for 迭代变量 in 序列:
    循环体
else:
    语句块
```

当 while 循环中的条件为假时，或 for 循环中的序列元素全部遍历后，程序会执行 else 中的语句块。例如，程序段 4-13 的运行结果如图 4-7 所示。

程序段　4-13

```
for i in range(1,6):
    print i
else:
    print "执行 else 语句块"
```

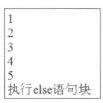

图 4-7　程序段 4-13 运行结果

　　迭代变量 i 的值依次为 1、2、3、4、5, print i 语句输出 5 个值, 然后执行 else 中的 print
语句。不过对于上面的程序, 即使如程序段 4-14 所示没有 else 部分, 运行结果也与图 4-7
是一样的。

程序段　4-14

```
for i in range(1,6):
    print i
print "执行 else 语句块"
```

　　但是如果循环中使用了 break 语句, 两个程序的运行结果就会有差别。例如程序
段 4-15 和程序段 4-16 的运行结果分别如图 4-8 和图 4-9 所示。

程序段　4-15

```
for i in range(1,6):
    if i%3==0:
        break
    print i
print "执行 else 语句块"
```

程序段　4-16

```
for i in range(1,6):
    if i%3==0:
        break
    print i
else:
    print "执行 else 语句块"
```

图 4-8　程序段 4-15 运行结果

图 4-9　程序段 4-16 运行结果

可以看出,在程序段 4-16 中,当执行 break 语句结束当前循环时,作为循环结构一部分的 else 语句块也不会被执行。而在程序段 4-15 中,在 for 循环后面的语句块 print 不属于循环结构,因此循环结束运行时,该语句会被执行。

因此,while 循环和 for 循环中的 else 语句一般都和 break 一起配合使用。

4.5.3.2 判断素数的算法

素数就是除了 1 和该数本身外,不能被其他任何整数整除的自然数。其中 1 不是素数,2 是素数。

判断素数的简单算法是:对于自然数 n,依次用 n 除以 2 到 $n-1$ 之间的自然数,若都不能整除,则可判定 n 是素数。

1. 使用循环的 else 语句

在程序段 4-12 中,程序采用双重循环:外层循环变量 prime 从 m 循环到 n,逐个判断是否是为素数;内层循环变量 i 从 2 循环到 prime-1,依次用 prime/2 到 prime-1 之间的自然数,如果都不能整除,则 prime 这个数就是素数。

例如当 prime=9 时,prime 依次除以 2、3,因为 9 能整除 3,所以执行 break 语句结束循环,9 不是素数。而当 prime=11 时,prime 依次除以 2、3、4、5、6、7、8、9、10,因为都不能整除,所以 11 是素数,执行 else 中的 print 语句输出该数。

2. 使用标记变量

程序段 4-17 使用标记变量 flag 的方式来判断素数。当判断 prime 是否为素数时,首先假定 prime 是素数,flag 为 0。然后把 2 到 prime-1 之间的所有整数试一遍,只要其中某一个数能被 prime 整除,就把变量 flag 赋值为 1,表示 prime 不再是素数。内层循环结束后,根据 flag 的值来判断 prime 是否为素数,若 flag 仍为 0,则 prime 是素数。

程序段 4-17

```
m,n=input()
for prime in range(m,n+1):
    flag=0
    for i in range(2,prime):
        if prime%i==0:
            flag=1
            break
    if flag==0:
        print prime,
```

程序段 4-12 通过循环嵌套来寻找素数,将 m 和 n 之间的素数找到后直接输出。在本书第 6 章中会再次处理这个任务,使用列表存放 m 和 n 之间所有的素数,然后再进行输出。第 8 章中将素数判断的相关代码定义为函数,然后调用函数进行任务处理,从而简化程序的结构,体会模块化程序的优势。

4.6　小　　结

本章主要知识点有：

- while 循环；
- for 循环；
- 循环嵌套；
- 循环的中断；
- 循环中的 else 语句。

4.7　动手写代码

1. 编写程序，计算 $S=1+2+3+\cdots+98+99+100$。

2. 编写程序，已知 $S=1\times2\times3\times\cdots(N-1)\times N$，找出一个最大的整数 N，使得 S 不超过 50000。

3. 编写程序，计算 $S=1+(1+2)+(1+2+3)+\cdots+(1+2+3+\cdots+99+100)$。

4. 编写程序，统计 n 以内(包括 n)素数的个数，n 从键盘输入。

5. 编写程序：统计在 $1\sim100$ 中，3 的倍数和 7 的倍数各有多少个。

6. 求斐波那契数列的前 40 个数以及它们的和。该数列有如下特点：第 1，2 两个数都为 1；从第 3 个数开始，每个数等于前两个数之和。

7. 我国古代有一道经典数学题："一只公鸡值 5 文钱，一只母鸡值 3 文钱，三只小鸡值 1 文钱，有钱 100 文，买鸡 100 只，问所买公鸡几只？ 母鸡几只？ 小鸡几只？"编写程序解决"百钱买百鸡"问题，求出它的所有解。

8. 猴子第一天摘了若干个桃子，吃了一半，然后又多吃了一个。第二天将剩余的桃子又吃掉一半，并且又多吃了一个。此后每天都是吃掉前一天剩下的一半多一个。到第 n 天再想吃时，发现只剩下一个桃子，计算第一天它摘了多少桃子？ 天数 n 从键盘输入。

9. 剧院内共有观众 m 人，其中一部分人买 A 类票，每张 80 元；另一部分人买 B 类票，每张 30 元。A 类票总收入比 B 类票多 n 元。计算买 A 类票的人数。若无法计算出结果，输出"no solution"。m 和 n 从键盘输入。

第 5 章 字符串

字符串是 Python 语言中的基本数据类型，属于 Python 序列类型的一种。在数学中，序列也被称为数列，是指按照一定顺序排列的一列数。在程序设计中，序列是常用的数据结构，如 C、Java 等程序语言中的数组也是序列类型的一种。

为了实现某项功能，人们经常需要对字符串进行特殊处理，如拼接几个字符串、截取字符串、格式化字符串等。本章将重点介绍字符串类型以及相关的函数与方法。

5.1 任务一 数字和英文的对应

英文字母有 26 个，如果输入 1～26 之间的数字，如何得到对应的英文字母呢？根据 26 个英文字母在字母表中的位置，得到对应关系为：A1 B2 C3 D4 E5 F6 G7 H8 I9 J10 K11 L12 M13 N14 O15 P16 Q17 R18 S19 T20 U21 V22 W23 X24 Y25 Z26。

5.1.1 任务目标

编写程序：从键盘输入一个数字，输出对应的英文字母。

5.1.2 操作步骤

（1）在 IDLE 中创建新文件，输入代码，如程序段 5-1 所示。

程序段 5-1

```
s="ABCDEFGHIJKLMNOPQRSTUVWXYZ"
n=input()
print s[n-1]
```

（2）运行程序，结果如图 5-1 所示。

5.1.3 必备知识

5.1.3.1 字符串数据类型

字符串作为 Python 语言的简单数据类型，实际就是由数字、字母、下画线、特殊符

```
================== RESTART: D:/Python/p5-1.py ==================
1
A
>>>
================== RESTART: D:/Python/p5-1.py ==================
12
L
>>>
================== RESTART: D:/Python/p5-1.py ==================
26
Z
```

图 5-1   任务一运行结果

号、各国文字等组成的连续字符序列。关于字符串的几点说明如下。

（1）引号括起来的都是字符串。

用引号括起来的都是字符串。引号可以是单引号、双引号、三单或三双引号，这三种形式没有语义上的区别，其中单引号和双引号的字符串必须在同一行上，而三引号的字符串可以分布在连续的多行上。

单引号字符串，例如：

```
'MonTueWedThuFriSatSun'
```

双引号字符串，例如：

```
"Happy is simple just like 123"
```

三引号括起来的多行字符串，例如：

```
''' In order to learn Python, you need to do:
    'Read book', "Write Program", 'Debug Program' '''
```

在由三单引号括起来的第三个字符串中，里面包括了换行，单引号，双引号等。同理，也可以把三单引号换成三双引号。

（2）通过"＝"，可以实现字符串的赋值。

例如，将字符串'MonTueWedThuFriSatSun'赋值给变量 Week。

```
Week='MonTueWedThuFriSatSun'
```

（3）用 type()函数，可查看变量类型。

type()函数可以查看变量的类型，<'str'>即为字符串类型，str 是单词 string 的缩写。type()函数的使用如图 5-2 所示。

```
>>> Week='MonTueWedThuFriSatSun'
>>> print(type(Week))
<type 'str'>
```

图 5-2   type()函数示例

(4) 字符串的输入使用 raw_input()函数,语法格式为:

```
变量名=raw_input([提示信息])
```

raw_input()语句接收来自键盘输入的字符串,将其赋值给字符串类型的变量。

(5) 字符串的输出使用 print 语句。

可以直接用 print 语句输出字符串,也可以通过%s 格式控制符来输出。例如下面的代码:

```
S1=raw_input()           #接收来自键盘输入的字符串
print S1                 #直接输出字符串
print "%s"%S1            #格式控制符输出字符串
```

5.1.3.2　字符串的索引

字符串存储于连续的内存空间中。内存空间按一定的顺序存放字符串的每个值。每一个值(即元素)都被分配一个数字,该数字称为索引或位置,通过它,可以得到对应元素的值。

Python 提供两种索引方式,正向递增索引与反向递减索引。

(1) 正向递增索引。

索引从 0 开始,由左向右,正向递增。下标为 0,表示第一个元素;下标为 1,表示第二个元素;以此类推,最大下标是字符串长度(n)减 1。

元素 1	元素 2	元素 3	元素 4	…	元素 n
0	1	2	3	…	n−1

正向递增索引

(2) 反向递减索引。

为了避免与正向索引的第一个元素下标 0 重合,反向索引的索引值从−1 开始,从右向左依次递减。

元素 1	元素 2	元素 3	…	元素 n−1	元素 n
−n	−(n−1)	−(n−2)	…	−2	−1

反向递减索引

通过索引可以访问字符串中的任何元素。语法格式为:

```
<字符串变量名>[索引值]
```

例如下面的代码,输出字符串 S1 的第一个元素 I 与倒数第二个元素 h,分别通过访问下标为 0 和下标为−2 的元素来实现,如图 5-3 所示。

```
>>> S1='I love Python very much!'
>>> print S1[0]
I
>>> print S1[-2]
h
>>> print S1[24]

Traceback (most recent call last):
  File "<pyshell#14>", line 1, in <module>
    print S1[24]
IndexError: string index out of range
```

图 5-3　索引示例

一定要注意下标的索引范围,正向是从 0 开始,反向是从 −1 开始,不能超出字符串的最大长度。如果字符串 S1 的字符总长度是 24 个,最后一个元素的下标为 23,如果访问 S1[24]的元素,就会引发索引错误——IndexError,该错误的含义是,超出了字符串的索引下标范围。

5.2　任务二　身份证信息解析

我国居民身份证号码由 18 位数字组成,处于每个不同位置的数字代表着不同的含义。以身份证号码 32010519820927512X 为例:

前 1、2 位数字代表所在省(直辖市、自治区)的代码;

第 3、4 位数字代表所在地级市(自治州)的代码;

第 5、6 位数字代表所在区(县、自治县、县级市)的代码;

第 7～14 位数字代表出生年、月、日;

第 15、16 位数字代表所在地的派出所的代码;

第 17 位数字代表性别,奇数表示男性,偶数代表女性;

第 18 位数字是校验码,用来检验身份证的正确性,它是通过既定的公式推算得到的。校检码可以是 0～9 之间的数字,如果推算出来的数字为 10,则用 X 来表示。

5.2.1　任务目标

编写程序:从键盘输入一个 18 位居民身份证号码,输出该居民的出生日期、性别、校验码信息。

5.2.2　操作步骤

(1) 在 IDLE 中创建新文件,输入代码,如程序段 5-2 所示。

程序段　5-2

```
s=raw_input()                    #输入身份证号码
```

```
year=s[6:10]                    #提取出生年
month=s[10:12]                  #提取出生月
day=s[12:14]                    #提取出生日
gender=s[-2]                    #提取性别
check=s[-1]                     #提取校验码
print "birthday: %s-%s-%s"%(year,month,day)
print "gender: %s"%gender
print "check: %s"%check
```

（2）运行程序,结果如图 5-4 所示。

```
========================= RESTART: D:\Python\p5-2.py =========================
32010519820927512X
birthday: 1982-09-27
gender: 2
check: X
```

图 5-4　任务二运行结果

5.2.3　必备知识

5.2.3.1　字符串的切片

字符串中某个子串或区间的检索被称为切片。切片操作非常方便,用户可以通过切片访问序列中一定范围内的元素,并生成一个新的序列。

切片的语法格式为:

```
Str[start:end:step]
```

说明如下。

（1）Str 代表字符串或者字符串变量名。

（2）start 表示切片的开始位置(包括该位置),如果不指定,就默认为 0。

（3）end 表示切片截止的位置(不包括该位置),如果不指定,就默认为包含序列的最后一个元素。

（4）step 表示切片的步长,默认为 1,省略步长时,最后一个冒号也省略。如果指定了步长,那么将按照该步长取得序列中对应的元素。

如果只保留 start 和 end 参数中间的冒号,start,end,step 三个参数都省略,则相当于复制整个序列,语法形式为: Str[:]。

程序段 5-2 就是利用字符串的切片操作,从身份证号码中提取不同位置的数字:

```
year=s[6:10]                    #提取出生年
month=s[10:12]                  #提取出生月
day=s[12:14]                    #提取出生日
gender=s[-2]                    #提取性别
check=s[-1]                     #提取校验码
```

———————————— Python程序设计任务驱动式教程

5.2.3.2 利用切片逆序输出字符串

利用切片,可以非常方便地完成字符串的逆序输出,如 Str[∷-1]可以直接实现字符串的逆序输出。例如下面代码:

```
S="Hello Python"
Print S[::-1]
```

5.3 任务三 输出图案

5.3.1 任务目标

输出由"＊"图案构成的直角三角形,如图 5-5 所示,行数由键盘输入。

图 5-5 直角三角形图案

5.3.2 操作步骤

(1) 在 IDLE 中创建新文件,输入代码,如程序段 5-3 所示。

程序段 5-3

```
n=input()
for i in range(1,n+1):
    print '*'*i
```

(2) 运行程序,结果如图 5-6 所示。

```
========================= RESTART: D:/Python/p5-3.py ======
5
*
* *
* * *
* * * *
* * * * *
>>>
========================= RESTART: D:/Python/p5-3.py ======
3
*
* *
* * *
```

图 5-6 任务三运行结果

5.3.3　必备知识

字符串的内置基本运算符"＋"与"＊"的含义如表 5-1 所示。

表 5-1　字符串的内置基本运算符

运算符	含　　义
＋	连接字符串,得到新的字符串
＊	将字符串重复若干次,生成新的字符串

5.3.3.1　字符串的拼接

Python 语言支持多个相同类型的序列的拼接操作,通过"加"(＋)来实现,在拼接过程中不会去除重复的元素。

两个字符串 S1 和 S2 和一个字符",",用"＋"运算符连接,可以组成一个新的字符串。例如下面代码:

```
S1="hello"
S2="python"
print S1+","+S2
```

类型不匹配的变量不能做"＋"运算,例如下面的代码段中,s 是字符串,num 是数字,拼接时会产生类型错误,弹出错误提示"TypeError:Can not concatenate 'str' and 'int' objects"(提示:不能对字符串与整数进行拼接)。

```
s="My score is"
num=100
print s+num
```

为了修正该错误,可以将 print 语句修改为 print(s＋str(num)),相当于将 num 转换成字符串之后再拼接,这样就不会产生类型错误了。

5.3.3.2　字符串的复制

通过乘法运算"＊",可以实现字符串的复制。

任务三中,每一行需要输出的"＊"的个数相当于行数,利用字符的复制功能可以实现每一行字符的输出。

5.4　任务四　查找元音字母

5.4.1　任务目标

编写程序:从键盘输入字符串,统计字符串中元音字母的个数。元音字母包括 aeiou

──────── Python程序设计任务驱动式教程

及其大写字母或 AEIOU。

5.4.2　操作步骤

（1）在 IDLE 中创建新文件，输入代码，如程序段 5-4 所示。

程序段　5-4

```
s=raw_input()
cnt=0
for c in s:
    if c in 'AEIOUaeiou':
        cnt=cnt+1
print cnt
```

（2）运行程序，结果如图 5-7 所示。

```
======================= RESTART: D:/Python/p5-4.py =====
Life is short,you need python!
9
>>>
======================= RESTART: D:/Python/p5-4.py =====
Why learn python?
3
```

图 5-7　任务四运行结果

5.4.3　必备知识

5.4.3.1　字符串的判断运算符

字符串的内置判断运算符及其含义如表 5-2 所示。

表 5-2　字符串的判断运算符及其含义

运算符	含　义
in	判断字符串中是否包含某个字符串
＝＝	判断字符串内容是否相同

1. in 运算符

通过 in 来判断，判断字符串中是否包含某个字符串，也可以用 not in 来判断是否不包含某个字符串。例如下面代码：

```
print "py" in "python"          #结果为 True
print "py" not in "python"      #结果为 False
```

2. ＝＝运算符

"＝＝"可以判断字符串的一致性。如果两个字符串相等,则输出 True(真),否则输出 False(假)。也可以通过"!＝"来判断两个字符串的不一致。例如下面代码:

```
print "hello"=="hallo"          #结果为 False
print "hello" !="hallo"         #结果为 True
```

5.4.3.2　字符串的遍历

在任务四中,查找元音字母的算法思想是:将字符串 s 作为 for 循环结构的迭代器,通过遍历字符串 s 中的每个字符,依次用 in 判断每个字符是否在元音字符列表中。

字符串遍历常用的两种方法是 for in 遍历和下标法。

1. for in 遍历

for in 遍历适合对字符进行直接处理的场景。例如下面代码:

```
s=raw_input()
for c in s:
    print c,                    #逐一输出字符串中的每个字符,字符之间空格隔开
```

2. 下标法

下标法是用 range()函数,将字符串长度传入遍历字符串。range()函数适用于需要对字符的索引值进行判断的场景。例如下面代码:

```
s=raw_input()
for c in range(0,len(s),2):
    print c,                    #输出字符串中索引值为偶数的字符
```

3. 知识拓展

from _ _future_ _ import print_function 语句的作用是:允许在 Python 2 版本中使用 Python 3 的输出 print 功能。注意:future 关键字的前后各有两个下画线。

例如下面代码中,遍历输出字符串 s 的每一个字符,字符之间用逗号分隔,输出结果为 H,e,l,l,o。

```
from _ _future_ _ import print_function
s="Hello"
for c in s:
    print(c,end=",")
```

print 函数中用到了 end 关键字,指定每个字母之间的分隔符。

5.5 任务五 最大字符和最小字符

字符串的升序排序指从字符串的第一个字符开始比较,如果相等,就比较后一个;如果不等,就将较小的那一个放在较大的前面,这里的"大小"指的是字符的 ASCII 码值大小。

5.5.1 任务目标

输入字符串,完成以下任务:

(1) 输出字符串的长度、最大字符和最小字符;

(2) 将字符串升序排序并输出;

(3) 将字符串逆序输出。

5.5.2 操作步骤

(1) 在 IDLE 中创建新文件,输入代码,如程序段 5-5 所示。

程序段 5-5

```
s=raw_input()
slen=len(s)
print "The length of string is----",slen

smax=max(s)
print "The Max of string is----",smax

smin=min(s)
print "The Min of string is----",smin

s1=sorted(s)
print "The sorted string is----",s1

s2=reversed(s)
s2="".join(s2)
print "The inverse sorted string is----",s2
```

(2) 运行程序,结果如图 5-8 所示。最大字符是"y",最小字符是" "空格。

```
========================= RESTART: D:/Python/p5-5.py ==============
Why Learn Python?
The length of string is---- 17
The Max of string is---- y
The Min of string is----
The sorted string is---- [' ', ' ', '?', 'L', 'P', 'W', 'a', 'e', 'h', 'h', 'n', 'n', 'o', 'r', 't', 'y', 'y']
The inverse sorted string is---- ?nohtyP nraeL yhW
```

图 5-8 任务五运行结果

5.5.3　必备知识：字符串的常用内置函数

字符串的常用内置函数如表 5-3 所示。内置函数在使用时，跟其他函数一样，直接调用，或将其返回值赋值给其他变量。

表 5-3　字符串常用内置函数

函　数	描　述	举　例
len(x)	返回字符串 x 的长度	s="python" len(s)结果为 6
chr(x)	返回 unicode 值为 x 的字符	chr(97) 结果为："a"
ord(x)	返回字符 x 的 unicode 值	ord("a") 结果为：97
max(x),min(x)	返回字符串 x 中最大、最小字符	"hello"结果为"o"和"e"
sorted(x)	将字符串排序（按照 unicode 值，默认升序）结果保存在序列类型"列表"中	"hsaA" 结果为['A','a','h','s']
reversed(x)	返回字符串 x 的反向字符串	输出为迭代器

1. len()函数

使用 len(x)函数，可以计算字符串的长度，如图 5-9 所示。

字符串 Str1 共包含 7 个字符，得到的长度为 7。字符串 Str2 共包含 9 个字符，得到的长度为 11。在 Python 2 中，得到的 Str2 长度与实际字符数不相符。如果是 Python 3，len(Str2)得到的结果为 9，与实际的字符数相符。

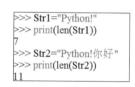

```
>>> Str1="Python!"
>>> print(len(Str1))
7
>>> Str2="Python!你好"
>>> print(len(Str2))
11
```

图 5-9　len()函数示例

引起不符的原因主要在于字符串中包含的字符数量与存储空间数之间的差别。Python 2 中，字符串长度是指存储空间的长度，而 Python 3 中字符串长度是指实际字符的数量。

2. chr()函数

chr(x)函数返回一个字符，该字符对应的 unicode 编码值为 x。例如：chr(65)，返回值为'A'；chr(97)，返回值为'a'。

3. ord(x) 函数

ord(x) 函数返回字符 x 对应的 unicode 编码值。ord()函数和 chr()函数可以看作互为逆运算，实现了单个字符和 unicode 编码值之间的相互转换。

ord('A')和 ord('a')的 unicode 值分别是 65 和 97，大写字母的值比小写字母小 32。通过 chr()函数和 ord()可实现字符的大小写转换。

例如，从键盘输入一个字符，如果是大写字母则转换成小写字母输出；否则直接输出该字符。代码如下：

```
s=raw_input()
if 'A'<=s<='Z':          #判断字母 s 的范围是否在 A 和 Z 之间
```

```
    t=ord(s)+32          #通过 ord()函数,得到小写字符的 unicode 值
    lower_s=chr(t)       #通过 chr()函数将该值转换成对应的字符
    print lower_s
else:
    print s
```

4. max(x)、min(x)函数

函数返回的结果分别是字符串中的最大与最小字符。

5. sorted()函数

sorted()函数用于对输入的字符串按照字符的 unicode 值大小进行升序排序。sorted()
函数的输出结果并不是字符串的形式,而是另一种序列类型——列表(将在第 6 章介绍),
如任务五中的输出结果所示。可以利用 join()方法(详见 5.8 节),将列表中的字符串连
接到一个字符串中。代码如下:

```
S=sorted(S)
S="".join(S)
print(S)
```

6. reversed()函数

reversed()函数用于返回一个字符串的逆序序列迭代器,即对字符串反序(或称为逆
序)输出。

reversed()函数的结果需要用遍历的方式或者用 join()方法连接的方式输出。

任务五中用 join()方法将逆序的结果连接在了一个字符串中。

5.6 任务六 翻转数和回文数

翻转数,也称为逆序数。例如:123 的翻转数是 321;1000 的翻转数是 1。

回文数,指正序(从左向右)和逆序(从右向左)都是一样的整数。例如:121、12321
都是回文数。

5.6.1 任务目标

从键盘输入一个整数,完成以下任务:

(1) 输出它的翻转数;

(2) 判断它是否是回文数;

5.6.2 操作步骤

(1) 在 IDLE 中创建新文件,输入代码,如程序段 5-6 所示。

```
n=input()
s=str(n)                        #将整数转换为字符串
s=s[::-1]                       #字符串逆序
m=int(s)                        #将字符串转换为整数
print "The reverse number is: ",m
if m==n:
    print "It's palindromic number."
else:
    print "It's not palindromic number."
```

（2）运行程序，结果如图 5-10 所示。

```
======================= RESTART: D:/Python/p5-6.py ==========
12345
The reverse number is:  54321
It's not palindromic number.
>>>
======================= RESTART: D:/Python/p5-6.py ==========
123454321
The reverse number is:  123454321
It's palindromic number.
```

图 5-10　任务六运行结果

5.6.3　必备知识

5.6.3.1　字符串与其他类型的转换函数

字符串与其他类型的转换函数如表 5-4 所示。

表 5-4　常用的字符串与其他类型转换函数

函　数	描　　述	示　　例
str(x)	将任意类型变量 x 转换为字符串类型	str(123)结果为"123"
int(x)	返回字符串或数字 x 的整数数值	int("123")结果为：123 int(12.3)结果取整数部分：12
float(x)	返回字符串或数字 x 的浮点数数值	float("123")结果为：123.0 float(123)结果为：123.0

1. str()与 int()函数

这两个函数可以实现数字类型和字符串类型之间的转换。通过将任意类型变量 x 转换为字符串类型，可以巧妙地完成整数的逆序输出。例如任务六中的代码：

```
n=input()
s=str(n)                      #将整数转换为字符串
s=s[::-1]                     #字符串逆序
```

也可以直接输入字符串,代码可简化为:

```
n=raw_input()                 #输入一个整数形式的字符串
s=s[::-1]                     #字符串逆序
```

任务二中,身份证信息可以进一步解析,例如下面代码:

```
s=raw_input()                 #输入身份证号码
gender=s[-2]                  #提取性别
if int(gender)%2==0:          #将字符串转换为整数,判断奇数还是偶数
    print "female"
else:
    print "male"
```

2. float( )函数

float()函数可以将整数值、数字形式的字符串或布尔值转化为十进制浮点数。

5.6.3.2　字符串的进制转换函数

Python 语言中与进制转换相关的常用函数如表 5-5 所示。

表 5-5　主要进制转换函数

函　　数	描　　　述	示　　　例
hex(x)	返回十进制整数 x 的十六进制字符串	hex(255) 输出:'0xff'
oct(x)	返回十进制整数 x 的八进制字符串	oct(32) 输出:'0o40'
bin(x)	返回十进制整数 x 的二进制字符串	bin(5)输出:'0b101'

注:0x 代表十六进制,0o 代表八进制,0b 代表二进制。

5.7　任务七　玫瑰有几许

Rose is a rose is a rose is a rose 是捷尔特茹德·斯坦因的一句诗。

5.7.1　任务目标

在字符串 s 中,查找"rose"(区分大小写),如果没找到,输出"no find";
s='The sentence "Rose is a rose is a rose is a rose." was written by Gertrude Stein.

The first "Rose" is the name of a woman."A rose is a rose is a rose" is probably her most famous quote'

如果找到,统计"rose"出现了多少次,并且获取每个"rose"在字符串中的索引值。

5.7.2 操作步骤

(1)在 IDLE 中创建新文件,输入代码,如程序段 5-7 所示。

程序段　5-7

```
s='The sentence "Rose is a rose is a rose is a rose." was written by Gertrude
Stein. The first "Rose" is the name of a woman."A rose is a rose is a rose" is
probably her most famous quote'
cnt=s.count("rose")                    #统计 rose 出现的次数
print cnt
slen=len("rose")                       #计算 rose 的长度
if cnt==0:                             #如果 count 的结果为 0,说明没有找到 rose
    print "no find"
else:
    start=0                            #从头开始查找
    for i in range(cnt):               #循环 cnt 次
        p=s.find("rose",start)         #查找对应的索引值
        print p
        start=p+slen                   #查找位置向后移位
```

(2)运行程序,出现次数为 6,以及对应的索引值。结果如图 5-11 所示。

图 5-11　任务七运行结果

5.7.3 必备知识

Python 提供了一系列字符串操作的方法,从查找、分割、连接、替换、大小写判断、大小写转换等应有尽有,可以满足人们大部分的日常使用场景。这些操作无须开发者自己设计实现,只需调用相应的字符串方法即可。

方法和内置函数不同,方法的调用方式也比较特殊,涉及类和对象的知识,初学者不

必深究,只需要知道方法的具体用法即可。

字符串查找类常用的方法有:count()、find()、index()。

5.7.3.1 count()方法

count()方法用于查找指定字符串在另一字符串中出现的次数,如果查找的字符串不存在,则返回 0,否则返回出现的次数。语法格式为:

```
str.count(sub[,start[,end]])
```

各参数含义如下。

str:表示原字符串。

sub:表示要统计的目标字符串。

start:表示开始统计的起始位置。如果不指定,则默认从头开始。

end:表示结束统计的结束位置。如果不指定,则默认一直到结尾。

例如下面代码:

```
Str1="hello,Python!"
print(Str1.count(","))          #获取字符","的次数,结果为1
print(Str1.count("o",3))        #从第4个位置到最后1个位置,字符"o"的次数为2
print(Str1.count("h",0,-4))     #从第1个位置到倒数第4个元素之间,字符"h"的次数
为1
print(Str1.count("@"))          #获取字符"@"的次数,结果为0
```

5.7.3.2 find()方法

find()方法用于查找一个字符串中是否包含目标字符串,如果包含,则返回第一次出现该字符串的索引;反之,则返回-1。语法格式为:

```
str.find(sub[,start[,end]])
```

各参数含义如下。

str:表示原字符串。

sub:表示要检索的目标字符串。

start:表示开始检索的起始位置。如果不指定,则默认从头开始检索。

end:表示结束检索的结束位置。如果不指定,则默认一直检索到结尾。

例如下面代码:

```
Str1="hello,Python!"
print(Str1.find(","))           #查找字符","的位置,结果为5
print(Str1.find("o",6))         #从第6个位置到最后10个位置,查找字符"o"的位置,
                                #结果为10
print(Str1.find("h",6,-2))      #从第6到倒数第2个元素之间,字符"h"的位置为9
print(Str1.find("@"))           #查找字符"@"的位置,结果为0
```

5.7.3.3　index()方法

index()方法用于查找字符串中是否包含目标字符串,如果包含,则返回第一次出现该字符串的索引;反之,则抛出异常。语法格式为:

```
str.index(sub[,start[,end]])
```

index()方法的用法与前面的 find()方法基本一致,区别在于:如果没找到,find()方法返回−1;而 index()方法抛出异常。

例如下面代码:

```
Str1="hello,Python!"
print(Str1.index("@"))          #查找字符"@"的位置
```

运行结果会给出 ValueError:substring not found 错误,错误类型是值错误,含义是没有找到子串。

5.8　任务八　单词分割

5.8.1　任务目标

编写程序,从键盘输入英文句子,单词之间的分隔符有空格、逗号、问号、省略号、句点等特殊符号。要求实现以下功能:

(1) 统计单词个数。

(2) 输出单词,空格隔开。

5.8.2　操作步骤

(1) 在 IDLE 中创建新文件,输入代码,如程序段 5-8 所示。

程序段　5-8

```
s=raw_input()
for c in '!"#$%&()*+,-./:;<=>? @[\]^_`{|}~ ':
    s=s.replace(c, " ")          #将文本中特殊字符替换为空格
ls=s.split()                     #将字符串按照空格分割为多个子串
print len(ls)
ls=" ".join(ls)                  #将列表中的字符串连接为一个新的字符串,连接符为空格
print ls
```

（2）运行程序,结果如图 5-12 所示。

```
========================= RESTART: D:/Python/p5-8.py ==========
Related course: Complete Python Programming Course & Exercises.
7
Related course Complete Python Programming Course Exercises
>>>
========================= RESTART: D:/Python/p5-8.py ==========
i!|{} have  too  /.,. many questions    ;
5
i have too many questions
```

图 5-12　任务八运行结果

5.8.3　必备知识

字符串替换常用的方法是 replace()。

字符串分割常用的方法是 split()。

字符串连接常用的方法是 join()。

5.8.3.1　replace()方法

replace()方法用来替换字符串中指定字符或子字符串,每次只能替换一个字符或子串。语法格式为:

```
str.replace(old, new, max)
```

各参数含义如下。

str:表示要进行替换的字符串。

old:表示将被替换的子字符串。

new:表示新字符串,用于替换 old 子字符串。

max:替换多少次,默认是全部。

例如下面代码:

```
s1="hello,hello,Python!"
s2=s1.replace("hello","Good")      #用 Good 替换所有的 hello
print s1                           #结果为 hello,hello,Python! 源字符串没有改变
print s2                           #结果为 Good,Good,Python! 输出新字符串
s3=s1.replace("hello","Good",1)    #只替换第一个 hello
print s3                           #结果为 Good,hello,Python!
```

在任务八中,用 replace()方法将文本中特殊字符全部替换为空格:

```
for c in '!"#$%&() * +,-./:;<=>? @[\]^_`{|}~ ':
    s=s.replace(c, " ")
```

5.8.3.2   split()方法

split()方法用于将一个字符串按照指定的分隔符分割成多个子串,子串会被保存到列表中(不包含分隔符)。语法格式为:

```
str.split(sep,maxsplit)
```

各参数含义如下。

str:表示要进行分割的字符串。

sep:用于指定分隔符。此参数默认为 None,表示所有空字符,包括空格、换行符\n、制表符\t 等。

maxsplit:可选参数,用于指定分割次数,最后列表中子串的个数最多为 maxsplit+1。

例如下面代码,将字符串按照空格分割为多个子串,再将结果存放在列表中:

```
str1="172 50 51 30 32"
str2=str1.split()
print str2          #输出结果为['172', '50', '51', '30', '32']
```

5.8.3.3   join()方法

join()方法将列表中的字符串进行连接,在相邻两个字符串之间插入指定的分隔符。语法格式为:

```
newstr=str.join(iterable)
```

各参数含义如下。

newstr:表示连接后生成的新字符串。

str:用于指定两个字符串之间的分隔符。

iterable:用来做连接操作的源序列数据,允许列表、元组等形式。

例如下面代码:

```
day1="2021-6-1"
day2=day1.split('-')
day="/".join(day2)          #连接列表 day2 中的字符串,分隔符是"/"
print day                   #结果是 2021/6/1
```

5.8.3.4   字符串的不可变性

Python 的字符串属于不可变序列。字符串虽然按照索引可以进行访问,但是不可以直接修改字符串中的某一个元素。

例如下面代码:

```
Str1="AK,Python!"
Str1[0]="O"
print(Str1)
```

运行结果会提示 TypeError：'str' object does not support item assignment。错误的含义是：str 类型对象不支持元素值的修改。

可以通过以下方法修改字符串。

（1）对字符串重新赋值。

```
s1="abc"
s1="Abc"
```

（2）通过字符串序列切片方式。

```
s="18901234567"
s=s[0:3]+"****"+s[-4:]          #结果为189****4567
```

（3）使用 replace()方法。

```
s="abcdef"
s=s.replace(s[0],"A",1)         #结果为Abcdef
```

这些方法虽然可以修改字符串,但实质是生成了一个新的字符串,这与 Python 对字符串的存储规定有关。

5.9　任务九　用户名是否存在

5.9.1　任务目标

字符串 name 中存有几个用户名。从键盘输入一个用户名,验证其是否存在于原始的用户名字符串 name 中,不区分用户名的大小写。

5.9.2　操作步骤

（1）在 IDLE 中创建新文件,输入代码,如程序段 5-9 所示。

程序段　5-9

```
name="Jason,John,Wendy,LILY,Eric,kevin"
s=raw_input()
name=name.lower()
```

```
s=s.lower()
if s in name:
    print "yes"
else:
    print "no"
```

（2）运行程序，结果如图 5-13 所示。输入大写 JASON 和小写 wendy，结果为 yes，即都在字符串中；输入 Karen 结果为 no，即不在字符串中。

```
==================== RESTART: D:/Python/p5-9.py ====================
JASON
yes
>>>
==================== RESTART: D:/Python/p5-9.py ====================
wendy
yes
>>>
==================== RESTART: D:/Python/p5-9.py ====================
Karen
no
```

图 5-13　任务九运行结果

5.9.3　必备知识

字符串大小写转换的方法有：upper()、lower()、title()。

在任务九中，首先将原始用户名字符串以及输入的待判断字符串都转换成小写，所用方法为字符串的 lower()方法；之后用 in 运算符进行判断。如果输入的用户名在原字符串中，就输出 yes，否则输出 no。

5.9.3.1　upper()方法

upper()方法用于将字符串中的所有小写字母转换为大写字母。

语法格式为：

```
str.upper()
```

5.9.3.2　lower()方法

lower()方法用于将字符串中的所有大写字母转换为小写字母。

语法格式为：

```
str.lower()
```

5.9.3.3　title()方法

title()方法用于将字符串中每个单词的首字母转为大写，其他字母全部转为小写。

语法格式为：

```
str.title()
```

5.10 任务十 合法的变量名

合法的变量名要符合下面两个条件：

（1）变量名可以由字母、数字或者下画线组成；

（2）变量名只能以字母或者下画线开头。

5.10.1 任务目标

编写程序：判断用户输入的变量名是否合法。如果输入 q，就退出循环。

5.10.2 操作步骤

（1）在 IDLE 中创建新文件，输入代码，如程序段 5-10 所示。

程序段 5-10

```
while True:
    s=raw_input()
    if s=='q':
        break
    if s[0]=='_' or s[0].isalpha():
        for c in s[1:]:
            if not (c.isalnum() or c=='_'):
                print('%s is not a right variable name' %s)
                break
        else:
            print('%s is a right variable name' %s)
    else:
        print('%s is not a right variable name' %s)
```

（2）运行程序，结果如图 5-14 所示。输入 _123 和 aver_score 判断为合格的变量名；输入 _aver@score 和 @aver_score 判断为不正确的变量名，包含了特殊字符；输入 q，退出程序。

```
======================= RESTART: D:/Python/p5-10.py =======================
_123
_123 is a right variable name
aver_score
aver_score is a right variable name
aver@score
aver@score is not a right variable name
@aver_score
@aver_score is not a right variable name
q
```

图 5-14　任务十运行结果

5.10.3　必备知识

判断字符串类型的方法：isalnum( )、isalpha( )、isdigit( )、isspace( )、isupper( )、islower( )、istitle( )。

判断字符串是否以指定字符串开头或结尾的方法：startswith( )、endswith( )。

删除字符串中空格的方法：strip( )、lstrip( )、rstrip( )。

任务十中，判断用户输入的变量名是否合法？首先应判断输入的变量名是否为 q,如果是,就退出程序;然后判断第一个元素是否为字母或者下画线开始;对之后的其他字符依次判断是否为下画线、数字和字母,如果满足条件就输出是合理的变量名,否则输出不是正确的变量名。

5.10.3.1　判断字符串类型的方法

(1) s.isalnum( )：判断所有字符都是数字或者字母。

(2) s.isalpha( )：判断所有字符都是字母。

(3) s.isdigit( )：判断所有字符都是数字。

(4) s.isspace( )：判断所有字符都是空格。

(5) s.islower( )：判断所有字符都是小写。

(6) s.isupper( )：判断所有字符都是大写。

(7) s.istitle( )：判断所有单词都是首字母大写。

其中,s 为字符串,如果是则返回 True;否则返回 False。

例如下面代码,分别统计字符串中的英文字母、数字和空格的个数：

```
s=raw_input()
c1=c2=c3=0
for i in s:
    if i.isalpha():
        c1=c1+1
    elif i.isdigit():
        c2=c2+1
    elif i.isspace():
```

Python 程序设计任务驱动式教程

```
        c3=c3+1
print c1,c2,c3
```

5.10.3.2 判断以指定字符串开头或结尾的方法

判断字符串以指定字符串开头的方法。语法格式为：

```
str.startswith(sub,start,end)
```

判断字符串以指定字符串结尾的方法。语法格式为：

```
str.endswith(sub,start,end)
```

各参数含义如下。

sub：表示要判断的子串。

start：表示开始检索的起始位置。如果不指定，则默认从头开始；

end：表示结束检索的结束位置。如果不指定，则默认一直到结尾。

例如下面代码：

```
Str1="hello,Python!"
print Str1.startswith("h")          #结果为 True
print Str1.startswith("hello")      #结果为 True
print Str1.startswith("e",2)        #判断第三个位置是否以 e 开始,结果为 False
print Str1.endswith("on")           #判断是否以 on 结尾,结果为 False
```

5.10.3.3 删除字符串中多余字符的方法

用户输入数据时，很有可能会无意中输入多余的空格，或者在一些场景中，字符串前后不允许出现空格和特殊字符，此时就需要去除字符串中的空格和特殊字符。这里的特殊字符，指的是制表符(\t)、回车符(\r)、换行符(\n)等。

删除字符串左右两侧的空格或特殊字符。语法格式为：

```
str.strip(chars)
```

删除字符串左侧的空格或特殊字符。语法格式为：

```
str.lstrip(chars)
```

删除字符串右侧的空格或特殊字符。语法格式为：

```
str.rstrip(chars)
```

各参数含义如下。

str：表示原字符串。

chars：用来指定要删除的字符，可以同时指定多个。如果不指定，则默认会删除空格以及制表符、回车符、换行符等特殊字符。

例如下面代码：

```
Str1="  Hello,  Python!       "
print Str1.strip()
print Str1.lstrip()
print Str1.rstrip()
```

5.11 任务十一 10 以内加法题

5.11.1 任务目标

设计一个程序，帮助小学生练习 10 以内的加法。

（1）要求实现随机生成加法题目，学生可以对题目进行作答，如果输入答案为 q，就退出程序。

（2）判别学生答题是否正确，退出时，统计学生答题总数，正确数量及正确率（保留两位小数）。

5.11.2 操作步骤

（1）在 IDLE 中创建新文件，输入代码，如程序段 5-11 所示。

程序段 5-11

```
import random                      #导入生成随机数的模块
right=0
counts_total=0
while True:
    a=random.randint(0,10)        #生成 0~10 的随机数
    b=random.randint(0,10)
    print('%d+%d=' %(a,b))
    question=raw_input()          #接收用户输入的答案
    result=a+b
    if question==str(result):     #判断答案是否正确
        print('right')
        right+=1
        counts_total+=1
    elif question=='q':
        break                     #break,退出当前循环
    else:
        print('wrong')
```

```
        counts_total+=1
if counts_total==0:                          #计算正确率(避免除 0 错误)
    percent=0
else:
    percent=1.0 * right / counts_total
print '%d questions' %counts_total
print 'right number is:%d'%right
print 'right percent is :%.2f%%' %(percent * 100)
```

（2）运行程序，结果如图 5-15 所示。

```
====================== RESTART: D:/Python/p5-11.py ======================
3 + 9 =
12
right
3 + 8 =
11
right
1 + 7 =
2
wrong
6 + 9 =
2
wrong
3 + 6 =
q
4 questions
right number is:2
right percent is :50.00%
```

图 5-15　任务十一运行结果

5.11.3　必备知识

这是一个比较综合的任务，涉及的知识如下。

（1）用循环结构完成出题、做题和判断等处理。

（2）两个加数需要随机产生，所以需用到 random 库中的 randint() 函数，为此需要导入 random 库、randint(a,b) 函数的作用是随机生成整数，整数的数值在[a,b]内。

（3）因为用户有可能输入数值，也有可能输入字母 q，所以，输入函数用 raw_input()，对接收到的信息与正确结果的字符值以及 q 字符做判断，得到三种可能的分支（计算正确，计算错误，程序退出）。最后计算正确率，要考虑到分母可能为 0 的情况。

5.12　小　　结

本章介绍了 Python 的基本数据类型：字符串。字符串类型属于序列类型的一种，本章主要涉及的知识点如下：

- 字符串类型的基本概念与形式；

- 字符串的输入输出方法；
- 字符串的索引与切片；
- 字符串的基本运算；
- 字符串常用内置函数；
- 字符串常用内置方法。

5.13   动手写代码

1. 编写 Python 程序，输入字符串"Python is simple and I love python"，输出以下结果。

（1）统计字母 o 在字符串中出现的次数。

（2）输出"love"在字符串中出现的位置。

（3）将字符串中所有的"Python"替换成"Java"，不区分 Python 的大小写。

（4）将字符串中所有单词的首字母大写。

（5）将字符串中的空格都去掉。

（6）输出字符串的总字符数。

（7）分别使用正向与反向切片方式，提取字符串中的"simple"和"love"。

（8）将"I think"放在字符串的前面。

（9）将字符串的所有字符变成大写。

2. 从第一字符串中删除第二个字符串。例如，第一个字符串为"hello,python!"，第二个字符串为"hello"，那么输出为",python!"；如果第二个字符串在第一个字符串中找不到，则输出"not found"。

3. 按如下格式输出三角形，三角形的行数由键盘输入。

```
  *
 ***
*****
```

4. 按如下格式输出字符三角形，字符三角形的行数由键盘输入（<＝10）。

```
    A
   ABC
  ABCDE
 ABCDEFG
ABCDEFGHI
```

5. 从键盘输入一个由多个单词组成的字符串，输出该字符串共有多少个单词。

6. 从键盘输入一个由多个单词组成的字符串，假定单词之间由空格分隔，输出最后一个单词。

7. 输入一个字符串，将字符串中所有的数字字符取出来，输出由数字组成的字符串。

8. 获取两个字符串中公共的字符，并将公共字符以字符串的形式输出。

———————— Python 程序设计任务驱动式教程

9. 根据从键盘输入的 1～7 中的数字值，输出对应的星期几的前三个字母。如输入 1，输出 Mon；输入 7，输出 Sun。

10. 凯撒加密规则指密文字母由明文字母向左或向右移动一个固定数目的位置得到，移动 3 时的结果如下所示。

明文字母：ABCDEFGHIJKLMNOPQRSTUVWXYZ

密文字母：DEFGHIJKLMNOPQRSTUVWXYZABC

从键盘输入一串字符，对其中的字母按照凯撒加密规则进行加密，字母区分大小写，加密规则不变。非字母类型的字符，加密后保持不变。例如输入 @cycLE，加密输出为 @fbfOI。

第6章 列表与元组

序列是 Python 中最基本的数据结构,序列通用的操作包括:索引、长度、组合(序列相加)、重复(乘法)、分片、检查成员、遍历、最小值和最大值等。Python 有 6 种内置的序列类型,但最常见的是字符串、列表和元组。本章重点介绍列表和元组。列表(list)是一种有序和可更改的集合,允许有重复的成员。元组(tuple)与列表类似,不同之处在于元组的元素不能修改,是有序的,也允许有重复的成员。列表使用方括号,元组使用圆括号。

6.1 任务一 花园里的花

花园里的花朵争奇斗艳,这些花朵的名称保存在列表 lsa=['sunflower','Lily','Rose', 'Carnation','iris','tulip','canna','balsam','pansy']中。

6.1.1 任务目标

编写程序,输出花园里所有的花朵名称,即列表中的每个元素。

6.1.2 操作步骤

(1) 在 IDLE 中创建新文件,输入代码。任务一可以由多种方法实现,方法 1 如程序段 6-1 所示,方法 2 如程序段 6-2 所示,方法 3 如程序段 6-3 所示,方法 4 如程序段 6-4 所示。

程序段 6-1

```
lsa=['sunflower', 'Lily', 'Rose','Carnation','iris','tulip','canna','balsam',
'pansy']
print(lsa)
```

程序段 6-2

```
lsa=['sunflower', 'Lily', 'Rose','Carnation','iris','tulip','canna','balsam',
'pansy']
for i in lsa:
    print i,
```

程序段　6-3

```
lsa=['sunflower', 'Lily', 'Rose','Carnation','iris','tulip','canna','balsam',
'pansy']
for i in range(len(lsa)):
    print lsa[i],
```

程序段　6-4

```
from __future__ import print_function
lsa=['sunflower', 'Lily', 'Rose','Carnation','iris','tulip','canna','balsam',
'pansy']
for i in lsa:
  print (i,end=',')
```

（2）运行程序，程序段 6-1 结果如图 6-1 所示，程序段 6-2 和程序段 6-3 结果相同，如图 6-2 所示，程序段 6-4 结果如图 6-3 所示。

```
>>> ============================ RESTART ============================
>>>
['sunflower', 'Lily', 'Rose', 'Carnation', 'iris', 'tulip', 'canna', 'balsam', 'pansy']
```

图 6-1　程序段 6-1 运行结果

```
>>> ============================ RESTART ================
>>>
sunflower Lily Rose Carnation iris tulip canna balsam pansy
```

图 6-2　程序段 6-2 和 6-3 运行结果

```
>>> ============================ RESTART ================
>>>
sunflower,Lily,Rose,Carnation,iris,tulip,canna,balsam,pansy,
```

图 6-3　程序段 6-4 运行结果

6.1.3　必备知识

6.1.3.1　列表数据类型

列表，实际就是由一组数据组成的序列，数据是顺序存储，数据之间用逗号分隔。列表中每个数据称为元素，列表中可以包含多个元素，元素类型可以不相同，每一元素可以是任意数据类型，包括数值、字符串、列表（列表嵌套）、元组、集合、字典。

通过"="，用方括号将所有元素括起来，元素间用逗号分隔，就可以实现列表的创建与赋值，如表 6-1 所示。

表 6-1　列表的创建与赋值

列表举例	简要说明
Lsa=[1,2,3,4,5,6]	整型元素构成的列表
Lsb=[1.1,2.1,3.3,5.5,6.7]	浮点型元素构成的列表
Lsc=['O','K','! ','python','.']	英文字符串元素构成的列表
Lsd=['学生','专业','班级','院系','课程']	汉字字符串元素构成的列表
Lse=[1,'python',3.3,5.5,6.7,'快乐']	不同类型元素构成的列表
Lsg=[]	没有任何元素的空列表

虽然表 6-1 中列表 Lse 中的元素可以有不同的类型,但通常情况下,为了提高程序的可读性以及数据处理的一致性,一般在列表中只存储同种类型的数据。例如,任务一的程序段 6-1 中,lsa = ['sunflower', 'Lily', 'Rose', 'Carnation', 'iris', 'tulip', 'canna', 'balsam', 'pansy']表示创建了一个列表 lsa,该列表中共 9 个元素,用逗号分隔,元素的类型都是字符串。

(1) len()方法。

列表中元素的个数称为长度,如需确定列表的长度,即其中有多少个元素,可以使用 len() 方法。

(2) 空列表。

不包含任何元素的列表,即[],称为空列表。空列表的创建有两种方法。

① 通过 list 函数创建空列表:

```
ls=list()
```

② 通过"="创建空列表:

```
ls=[]
```

6.1.3.2　列表的输出

1. print()输出列表

列表输出最简单的方法是直接用 print()输出整个列表,具体格式为:

```
print(列表名)
```

例如,程序段 6-1 中 print(lsa)就是整体输出列表,列表以方括号括起来,每个列表元素是字符串,以逗号分隔。

2. for in 遍历输出

for in 遍历适合对列表进行直接处理的场景,例如程序段 6-2 代码。

3. 下标法遍历输出

下标法是用 range()函数,根据列表长度进行遍历。适合需要对元素的索引值进行判断的场景,例如程序段 6-3 代码。

4. 知识拓展

增加 from _ _future_ _ import print_function 语句,在 Python 2 的版本中使用 Python 3 的输出 print 功能。例如程序段 6-4 代码,函数中用到了 end 关键字,列表元素之间用指定的字符(例如逗号)分隔。

6.1.3.3 列表的索引与访问

列表与字符串一样,都属于序列类型,都存储于连续的内存空间中,按一定的顺序存放列表的每个元素,这一点与字符串类型一致。列表的每个元素都有其索引或位置,通过它,可以得到对应元素的值。

(1)索引方式。

列表的索引与字符串一样,也提供两种索引方式:正向与反向。

(2)通过索引访问列表元素。

通过索引可以访问列表中的任何元素。语法格式为:

```
列表名[索引]
```

程序段 6-3 中,print lsa[i]表示输出列表 lsa 的索引号为 i 的元素。如果访问的元素下标超出了范围(print lsa[10]),会引发访问错误的报告,错误的类型是索引错误 IndexError,错误含义是下标超出了范围,如图 6-4 所示。

```
>>> =============================== RESTART ===============
>>>
sunflower Lily Rose Carnation iris tulip canna balsam pansy
>>> print lsa[10]

Traceback (most recent call last):
  File "<pyshell#0>", line 1, in <module>
    print lsa[10]
IndexError: list index out of range
```

图 6-4　程序段 6-3 访问索引为 10 时错误报告

6.2　任务二　素数

第 4 章任务五题目描述是:输入整数 m 和 n,输出 m 到 n 之间所有的素数。

6.2.1　任务目标

编写程序,从键盘输入整数 m 和 n,使用列表存放 m 和 n 之间所有的素数(即用列表改写第 4 章任务五),然后再进行输出。

6.2.2 操作步骤

（1）在 IDLE 中创建新文件，输入代码。任务二可以由两种方法实现，方法 1 如程序段 6-5 所示，方法 2 如程序段 6-6 所示。

程序段　6-5

```
m,n=input()
ls=[]
for prime in range(m,n+1):
    for i in range(2,prime):
        if prime%i==0:
            break
    else:
        ls.append(prime)
for i in ls:
    print i,
```

程序段　6-6

```
m,n=input()
ls=[]
for prime in range(m,n+1):
    for i in range(2,prime):
        if prime%i==0:
            break
    else:
        ls.insert(len(ls),prime)
for i in ls:
    print i,
```

（2）运行程序，结果与第 4 章图 4-6 类似，这里就不重复截图了。

6.2.3　必备知识：列表元素的添加

列表元素的添加有 append() 和 insert() 两种方法。

（1）尾部追加元素的 append() 方法，具体格式为：

```
list.append(obj)
```

参数 obj 表示添加到列表末尾的对象。该方法无返回值，但是会修改原来的列表。

（2）指定位置插入元素的 insert()方法,具体格式为:

```
list.insert(index, obj)
```

参数 index 表示对象 obj 需要插入的索引位置。obj 表示要插入列表中的对象。该方法无返回值,但会在列表指定位置插入对象。

列表元素的添加示例如图 6-5 所示。

```
>>> country=["China","Denmark","Egypt","France"]
>>> country.append("Japan")#字符串"Japan"添加到列表最后一项
>>> country
['China', 'Denmark', 'Egypt', 'France', 'Japan']
>>> country=["China","Denmark","Egypt","France"]
>>> country.insert(0,"Greece")#将字符串"Greece"添加到列表第一项
>>> country.insert(len(country),"Cuba")#将字符串"Cuba"添加到列表最后一项
>>> country
['Greece', 'China', 'Denmark', 'Egypt', 'France', 'Cuba']
```

图 6-5 列表元素添加方法示例

程序段 6-5 中,ls.append(prime)是通过 append()方法将素数添加为列表 ls 的最后一项。程序段 6-6 中,ls.insert(len(ls),prime)是通过 insert()方法将素数添加到列表 ls 的最后一项。

6.3 任务三 评分计算

6.3.1 任务目标

设有若干个评委评分,通过统计进行评分计算。编写程序,从键盘输入若干评委的评分,去掉一个最高分和一个最低分,计算其余成绩的平均数,并以 2 位小数形式输出。

6.3.2 操作步骤

（1）在 IDLE 中创建新文件,输入代码。任务三可以由多种方法实现。方法 1 如程序段 6-7 所示,方法 2 如程序段 6-8 所示,方法 3 如程序段 6-9 所示,方法 4 如程序段 6-10 所示,方法 5 如程序段 6-11 所示。

程序段 6-7

```
ls=input()
ls.sort()
n=len(ls)
a=ls[1:n-1]
n=len(a)
s=sum(a)
```

```
ave=1.0 * s/n
print "%.2f" %ave
```

程序段 6-8

```
ls=input()
ls.sort()
del ls[0]
del ls[-1]
n=len(ls)
s=sum(ls)
ave=1.0 * s/n
print "%.2f" %ave
```

程序段 6-9

```
ls=input()
ls.sort()
ls.pop(0)
ls.pop(-1)
n=len(ls)
s=sum(ls)
ave=1.0 * s/n
print "%.2f" %ave
```

程序段 6-10

```
ls=input()
a=max(ls)
b=min(ls)
ls.remove(a)
ls.remove(b)
n=len(ls)
s=sum(ls)
ave=1.0 * s/n
print "%.2f" %ave
```

程序段 6-11

```
ls=input()
a=max(ls)
b=min(ls)
```

```
n=len(ls)-2
s=sum(ls)-a-b
ave=1.0*s/n
print "%.2f" %ave
```

（2）运行程序，程序段 6-7～6-11 结果相同，如图 6-6 所示。

```
>>> ============================ RESTART ===
>>>
[9.2,9.5,9.8,7.4,8.5,9.1,9.3,8.8]
9.07
```

图 6-6　程序段 6-7～6-11 的运行结果

6.3.3　必备知识

6.3.3.1　列表元素的排序

列表元素的排序有 sort()和 sorted()两种方法。

（1）sort()方法排序，具体格式为：

```
list.sort(cmp=None, key=None, reverse=False)
```

① 参数 cmp 是可选参数，如果指定了该参数，会使用该参数的方法进行排序。

② 参数 key 为函数，它指定可迭代对象中的每一个元素来按照该函数进行排序。

③ 参数 reverse 表示排序规则，reverse＝True 表示降序，reverse＝False 表示升序（默认）。

该方法没有返回值，但是会对列表的对象进行排序，排序后原列表将可能被修改。

（2）sorted()函数排序，具体格式为：

```
sorted(iterable, key=None, reverse=False)
```

① 参数 iterable 表示可迭代对象，可以是列表、元组、字符串等。

② 参数 key 为函数，它指定可迭代对象中的每一个元素来按照该函数进行排序。

③ 参数 reverse 表示排序规则，reverse＝True 表示降序，reverse＝False 表示升序（默认）。

该函数有返回值，返回重新排序的列表，对原来列表不作修改。

列表元素的排序示例如图 6-7 所示。

程序段 6-7、6-8、6-9 都采用了 sort()方法对 ls 列表进行升序排序，ls.sort()等价于 ls＝sorted(ls)。

6.3.3.2　列表切片

列表与字符串一样，也可以用切片方式进行访问，切片的语法为：

```
>>> ls=[6,5,4,3,2,1]
>>> ls.sort()#默认参数的sort()方法默认对列表元素按升序排序
>>> ls
[1, 2, 3, 4, 5, 6]
>>> ls=[(6,3),(2,5),(4,1),(7,6)]
>>> ls.sort()#嵌套结构的列表默认元素的第一个子元素为关键字按升序排序
>>> ls
[(2, 5), (4, 1), (6, 3), (7, 6)]
>>> ls=[6,5,4,3,2,1]
>>> ls.sort(reverse=True)#reverse参数为True时,对列表元素按降序排序
>>> ls
[6, 5, 4, 3, 2, 1]
>>> ls=[6,5,4,3,2,1]
>>> sorted(ls)#sorted()函数生成新的有序列表,不改变原来的列表
[1, 2, 3, 4, 5, 6]
>>> ls
[6, 5, 4, 3, 2, 1]
>>> ls=[(6,3),(2,5),(4,1),(7,6)]
>>> sorted(ls,reverse=True)#sorted()函数的使用和参数含义和sort()方
法一致。
[(7, 6), (6, 3), (4, 1), (2, 5)]
>>> ls#sorted()函数生成新的有序列表,不改变原来的列表。
[(6, 3), (2, 5), (4, 1), (7, 6)]
>>> ls = [3,5,-4,-1,0,-2,-6]
>>> ls.sort(key=abs)#按照列表中元素的绝对值大小升序排列
>>> ls
[0, -1, -2, 3, -4, 5, -6]
```

图 6-7　列表元素排序示例

列表名[start:end:step]

切片的使用方法与字符串切片类似,只是切片的结果不是字符子串,而是子列表。

程序段 6-7 中对列表先升序排序,然后通过切片 a＝ls[1:n-1]巧妙回避了列表删除,去掉了一个最高分和一个最低分。

6.3.3.3　列表元素的删除

列表元素的删除有 3 种方法。

(1) 按索引删除元素的 del 命令,具体格式为:

del list[index]

index 是要删除元素的索引,del 是命令,注意与方法的区别。

(2) 按索引删除元素的 pop()方法,具体格式为:

list.pop([index=-1])

参数是可选参数,要移除列表元素的索引值,不能超过列表总长度,默认为 index＝－1,表示删除最后一个列表值。该方法返回从列表中移除的元素对象。

(3) 按值删除元素的 remove()方法,具体格式为:

list.remove(obj)

参数 obj 是列表中要移除的对象。该方法没有返回值,但是会移除列表中与 obj 值

相等的第一个匹配项。如果列表中包含多个待删除元素,则 remove 删除索引值相对较小的那个。

注意:在使用 remove()方法进行删除时,要保证删除的元素值存在于列表中,如果不存在则会报错。同理,使用 pop()方法删除时,要保证索引下标在正确范围内,不要超出范围,否则也会报错。

列表元素的删除示例如图 6-8 所示。

```
>>> country=["China","Denmark","Egypt","France"]
>>> del country[-1]#删除索引号为-1的"France"列表项
>>> country
['China', 'Denmark', 'Egypt']
>>> country=["China","Denmark","Egypt","France"]
>>> country.pop(-1)#删除索引号为-1的"France"列表项
'France'
>>> country
['China', 'Denmark', 'Egypt']
>>> country.pop()#默认索引参数是-1,即默认删除最后一个元素,即"Egypt"列
表项'Egypt'
>>> country
['China', 'Denmark']
>>> country=["China","Denmark","Egypt","France"]
>>> country.remove("Egypt")#按值删除"Egpyt"这个元素
>>> country
['China', 'Denmark', 'France']
```

图 6-8 列表元素删除示例

程序段 6-8 对列表先升序排序,然后通过 del 命令删除索引 0(最小值对应的索引)和−1(最大值对应的索引)的列表元素,从而去掉了一个最高分和一个最低分。

程序段 6-9 对列表先升序排序,然后通过 pop()方法删除索引 0(最小值对应的索引)和−1(最大值对应的索引)的列表元素,从而去掉了一个最高分和一个最低分。

程序段 6-10 无须对列表排序,通过列表的 max 和 min 内置函数先算最大值和最小值,然后通过 remove()方法删除指定的最大值和最小值的列表元素,从而去掉了一个最高分和一个最低分。

程序段 6-11 通过列表的 max 和 min 内置函数先算最大值和最小值,然后从总和减掉最大值和最小值,巧妙回避了列表删除,去掉了一个最高分和一个最低分。

6.3.3.4 列表常用的内置函数

列表常用的内置函数如表 6-2 所示,与字符串的常用内置函数相同。

表 6-2 列表常用的内置函数

函　数	功　能　说　明
len(seq)	计算列表的长度,即包含多少个元素
max(seq)	找出列表中的最大元素
min(seq)	找出列表中的最小元素
list()	将序列转换为列表
sum(seq)	计算元素和。注意,使用 sum()函数时,列表元素必须都是数值类型

程序段 6-7～6-11 的求和都用了 sum()内置函数，统计个数都用了 len 内置函数。

程序段 6-10 和 6-11 是通过列表的 max()和 min()内置函数先算最大值和最小值。

6.3.3.5 列表的输入

1. input()输入

在 Python 2 中，用 input()语句接收来自键盘输入的数值型列表，注意：输入方括号，数据之间用逗号隔开。程序段 6-8～6-12 的列表输入都用了 ls＝input()实现，键盘输入格式是[9.2，9.5，9.8，7.4，8.5，9.1，9.3，8.8]。

2. raw_input()输入

在 Python 2 中，用 raw_input()可以接收来自键盘输入的字符串，通过 split()方法，可以将输入的字符串分割成字符型列表，如程序段 6-12 所示。

程序段 6-12

```
Ls1=input()                                  #直接输入一个列表
Ls2=raw_input().split()                      #从键盘输入字符串,以空格分隔
Ls3=list(map(eval,raw_input().split()))      #从键盘输入多个数值,以空格分隔
Ls4=raw_input().split(',')                   #从键盘输入字符串,以逗号分隔
Ls5=list(map(eval,raw_input().split(',')))   #从键盘输入多个数值,以逗号分隔
print(Ls1)
print(Ls2)
print(Ls3)
print(Ls4)
print(Ls5)
```

程序段 6-12 的运行结果如图 6-9 所示。

```
>>> ================================ RESTART ======
>>>
[1,2,3,4,5,6]
hello python
1 2 3 4 5 6
1,2,3,4,5,6
1,2,3,4,5,6
[1, 2, 3, 4, 5, 6]
['hello', 'python']
[1, 2, 3, 4, 5, 6]
['1', '2', '3', '4', '5', '6']
[1, 2, 3, 4, 5, 6]
```

图 6-9　程序段 6-12 运行结果

图 6-9 中，首先给出了 5 种不同形式的输入，对应输出了所得到的列表。其中 Ls2 和 Ls4 将输入的每个元素都当成字符来对待，形成字符列表。程序段 6-12 中，列表 Ls3 和 Ls5 的创建用到了 map()函数，实现将输入的字符串映射到整数类型。

3. map()函数

map()函数根据提供的函数对指定序列做映射，具体格式为：

```
map(function, iterable, ...)
```

参数 function 是一个函数名，iterable 表示一个或多个序列。对参数序列 iterable 中的每一个元素调用 function() 函数。map() 函数返回值具有版本差异。不同的 Python 解释器结果有差异。Python 2 返回列表，Python 3 返回迭代器，一般是元组类型，加 list() 函数将迭代器转化为列表。如代码段 6-12 所示，Python 2 加上 list() 函数即可。

6.4 任务四 学生成绩

学生每学期学习不同类别的多门课程。某学生本学期学习了通识课两门，成绩分别为 91,81；必修专业课四门，成绩分别为 85,79,93,88；选修课三门，成绩分别为 90,80,60。用列表 lsa=[[91,81],[85,79,93,88],[90,80,60]] 存储不同类别的多门课程的成绩，按不同类别进行成绩统计。

6.4.1 任务目标

编写程序，对存储在列表中的多门课程的成绩，按类别计算总分，计算所有课的总分以及总平均分并输出。

6.4.2 操作步骤

（1）在 IDLE 中创建新文件，输入代码，如程序段 6-13 所示。

程序段 6-13

```
lsa=[[91,81],[85,79,93,88],[90,80,60]]
sum_lsa=0
count=0
sum_subject=[0,0,0]
subject=0
for i in lsa:
    sum_subject[subject]=sum(i)
    sum_lsa=sum_lsa+sum_subject[subject]
    subject=subject+1
    count=count+len(i)
for j in range(1,4):
    print "the score of %d class is %d "%(j,sum_subject[j-1])
print "total score is %d"%sum_lsa
average=float(sum_lsa)/count
print "the average score %.2f"%average
```

（2）运行程序，结果如图 6-10 所示。

```
>>> ============================ RESTART ==
>>>
the score of  1 class is 172
the score of  2 class is 345
the score of  3 class is 230
total score is 747
the average score 83.00
```

图 6-10　任务四运行结果

6.4.3　必备知识

6.4.3.1　嵌套列表

嵌套列表指列表中的元素类型为列表。如 Ls＝[['happy','快乐'],['OK','好']]，列表 Ls 中的两个元素本身也是列表。

任务四中的 Lsa＝[[91,81],[85,79,93,88],[90,80,60]]就是一个嵌套列表，该列表中包含 3 个元素，每个元素都是数值型列表。

6.4.3.2　列表元素的修改

列表元素的修改非常简单，通过赋值语句，可以直接根据索引值修改元素，具体格式为：

```
Listname[index]=new value
```

任务四中，先定义了三类课的总分列表 sum_subject＝[0,0,0]，将列表元素的初值都设为 0，然后在循环里，sum_subject[subject]＝sum(i) 对列表元素的值进行修改。

6.4.3.3　嵌套列表的计算

任务四的列表 lsa 是嵌套列表，sum()等内置函数无法对嵌套的列表元素直接求和，因此任务四用循环结构遍历读取每一个列表元素（每个元素相当于是一个数值列表），对读取到的列表元素用 sum()函数求和，在求和的同时统计元素的个数，最后得到均值。

6.5　任务五　系统登录判断

6.5.1　任务目标

用户登录系统有多个用户，用户名保存在列表 Org_users 中，即 Org_users＝['admin','th1','st1','th1']，密码保存在列表 Org_passwd 中，即 Org_passwd＝['123','456','789','568']。

编写程序,对登录系统做如下处理。

(1) 去除重复的用户名及其对应的密码。

(2) 从键盘输入用户名,进行判断。如果存在于列表中,判断密码是否正确。如果正确,给出成功提示;如果密码不正确,允许登录系统三次,三次不成功,则给出错误提示。如果用户名不存在于列表中,则给出提示用户名不存在。

6.5.2 操作步骤

(1) 在 IDLE 中创建新文件,输入代码,如程序段 6-14 所示。

程序段 6-14

```
Org_users=['admin','th1','st1','th1']
Org_passwd=['123','456','789','568']
count=0
users=[]
passwd=[]
for i in range(0,len(Org_users)):
    if Org_users[i] not in users:
        users.append(Org_users[i])
        passwd.append(Org_passwd[i])
print(users)
print(passwd)
while count<3:
    username=raw_input()
    userpasswd=raw_input()
    count+=1
    if username in users:
        userindex=users.index(username)
        passwd_index=passwd[userindex]
        if userpasswd==passwd_index:
            print("login in sucess")
            break
        else:
            print("password is wrong and login again")
    else:
        print("username is not exit,input again")
else:
    print("over three times,you need to register")
```

(2) 运行程序,运行程序两次,结果如图 6-11 所示。

图 6-11 中,运行结果首先得到去掉重复元素后的列表;然后输入用户名、密码;第一

```
>>> =========================== RESTART ========
>>>
['admin', 'thl', 'stl']
['123', '456', '789']
admin
123
login in sucess
>>> =========================== RESTART ========
>>>
['admin', 'thl', 'stl']
['123', '456', '789']
admin
236
password is wrong and login again
thl
568
password is wrong and login again
st
111
username is not exit,input again
over three times,you need to register
```

图 6-11 任务五运行结果

次运行,用户名与密码匹配成功,输出登录成功的提示;第二次运行程序,由于 3 次输入用户名、密码与列表中存储信息不匹配,所以输出相应的提示,并退出了程序的运行。

6.5.3 必备知识

6.5.3.1 列表的基本运算

列表的基本运算与字符串一致,包括＋运算,＊运算,以及 in 和 not in 关键字,具体用法也与字符串相同。程序段 6-15 给出了列表基本运算的例子。

程序段 6-15

```
Ls1=[90,91,85,95,86]
Ls2=['a','b','c']
print(Ls1+Ls2)        #实现两个列表的拼接,生成一个新的列表
print(Ls2 * 3)        #实现列表的复制,生成一个新的列表
s='d'
print (s in Ls2)      #实现元素的判断
print (s not in Ls2)
```

程序段 6-15 运行结果如图 6-12 所示,得到了拼接,复制以及 in 判断的结果。

```
>>> =========================== RESTART =====
>>>
[90, 91, 85, 95, 86, 'a', 'b', 'c']
['a', 'b', 'c', 'a', 'b', 'c', 'a', 'b', 'c']
False
True
```

图 6-12 程序段 6-15 运行结果

Python 程序设计任务驱动式教程

6.5.3.2　列表的查找与统计

前面章节已经介绍了列表部分常用的操作(删除、修改与添加),本节将针对任务五涉及的列表其他常用操作(主要包括查找、统计与复制等),给出用法说明。

1. 查找元素

通过 index 方法可以实现列表元素的查找,具体格式为:

```
listname.index(obj, start, end)
```

该方法的语法与第五章字符串的 index()方法一致。返回值为被查找元素首次出现的索引下标。程序段 6-16 给出了 index 方法的示例代码。

程序段　6-16

```
lsa=['happy','kind','love','beauty','kind']
pos=lsa.index("kind")
print(pos)
pos=lsa.index("hello")
print(pos)
```

程序段 6-16 的运行结果如图 6-13 所示。

```
>>> =============================== RESTART ===============
>>>
1

Traceback (most recent call last):
  File "D:/Python/p6_19.py", line 4, in <module>
    pos=lsa.index("hello")
ValueError: 'hello' is not in list
```

图 6-13　程序段 6-16 的运行结果

注意:"kind"元素在列表中有两个,index()方法返回的是第一个元素的索引下标;因为元素"hello"在列表 lsa 中不存在,所以查找返回结果出错 ValueError。

2. 统计元素

使用 count()方法,可以获取指定元素在列表中出现的次数。程序段 6-17 给出了统计元素次数的代码。

程序段　6-17

```
lsa=['happy','kind','love','beauty','kind']
cnt=lsa.count("kind")
print(cnt)
cnt=lsa.count("hello")
print(cnt)
```

程序段 6-17 的运行结果如图 6-14 所示。当元素不存在时,count()方法并不报错,返回结果为 0。

```
>>> ============================ RESTART
>>>
2
0
```

图 6-14　程序段 6-17 的运行结果

6.6　任务六　元素出现频率

6.6.1　任务目标

输入一个数值型的列表,统计列表中,各个数字出现的次数。例如列表为[1,2,2,3,3,4,4,4,5,5],输出结果为每个元素出现的次数。格式为[(1,1),(2,3),(3,3),(4,2),(5,3),(6,3)]。

6.6.2　操作步骤

(1) 在 IDLE 中创建新文件,输入代码,如程序段 6-18 所示。

程序段　6-18

```
lsa=input()
lst=[]
lsm=list()
for i in lsa:
    if i not in lst:
        lst.append(i)
        tup1=(i,lsa.count(i))
        lsm.append(tup1)
print(lsm)
```

(2) 运行程序,结果如图 6-15 所示。

```
>>> ============================ RESTART =====
>>>
[1,2,3,4,5,6,2,2,3,4,3,5,5,6,6]
[(1, 1), (2, 3), (3, 3), (4, 2), (5, 3), (6, 3)]
```

图 6-15　任务六的运行结果

为了得到数字出现的次数,首先需要找出列表中出现的数字。前面任务五的必备知识章节给出了去重的方法,然后可以用列表的 count()方法,遍历元素出现的次数。

图 6-15 中输入[1,2,3,4,5,6,2,2,3,4,3,5,5,6,6]存入列表 lsa 中,完成对其元素统计的结果之后,用到了 tup 元组类型,将每个数字与其对应的次数以数对的形式组成一个元组,然后追加到列表中。

6.6.3 必备知识

6.6.3.1 元组的概念

任务六中,结果以元组形式保存并输出。元组与列表类似,也可以用来存放一组相关的数据。两者的不同之处主要有两点:

(1) 元组使用圆括号(),列表使用方括号[];

(2) 元组是不可变的序列,不能修改、删除和插入元素,而列表则是可变序列。

元组可以看作不可变的列表,通常情况下,元组用于保存无须修改的内容。元组可以存储整数、实数、字符串、列表、元组等任何类型的数据,并且在同一个元组中,元素的类型可以不同。例如:

```
("10.140.103.1", 1, [2,'a'], ("abc",3.0))
```

元组的创建可以使用()直接创建,在括号中添加元素,并使用逗号隔开各个元素即可,具体格式为:

```
tuplename=(element1, element2, ...,)
```

tuplename 表示元组名;参数 element1～elementn 表示元组的元素。

元组的创建语法及其类型的基本说明如表 6-3 所示。

表 6-3　元组的创建语法与类型说明

元组创建语法	类 型 说 明
tup1＝('math','engish','physics')	字符型元组
tup2＝(1,2,3,4,5)	数值型元组
tup3＝("10.140.103.1",1,[2,'a'],("abc",3.0))	多元素类型元组
tup4＝"a","b","c","d"	不用括号也可以创建元组

当只有一个元素时,需要特别注意,如果不加逗号将不被认为是元组类型,如代码段 6-19 的第 1、5 行,得到的类型分别为字符串和整型;如果加了逗号,类型就是元组。

程序段　6-19

```
tup1=('a')
print("type of tup1:",type(tup1))          #只有一个元素
tup2=('a',)
print("type of tup2:",type(tup2))
```

```
tup3=(1)
print("type of tup3:",type(tup3))
tup4=1,
print("type of tup4:",type(tup4))
```

程序段 6-19 的运行结果如图 6-16 所示。

```
>>> ============================ RESTART =====
>>>
('type of tup1:', <type 'str'>)
('type of tup2:', <type 'tuple'>)
('type of tup3:', <type 'int'>)
('type of tup4:', <type 'tuple'>)
```

图 6-16　程序段 6-19 的运行结果

6.6.3.2　元组的操作

元组与列表类似,也有对应的函数或方法,用以完成相应的处理,但因为元组的元素不可更改,因此在列表中能使用的处理方式,元组类型不一定能使用。元组类型的常见操作说明如表 6-4 所示。

表 6-4　元组的常见操作

操 作 类 型	语 法	说 明
访问元素	通过下标 tup[x]	x 是下标编号
删除元素	×	不可以删除元组的某一元素
删除元组	del tup	可以删除整个元组
添加元素	×	不可添加元组的某一元素
sorted()排序	sorted(tup)	返回值是一个列表
sort()排序	×	不可使用 sort()函数
复制元组	×	不可复制元组
元组转成列表	list(tup)	将元组 tup 转换成列表
列表转换成元组	tuple(list1)	将列表 list1 转换成元组

从表 6-4 中可以得到结论:凡是需要更改元组元素信息的函数或方法都不可以使用。

6.7　小　　结

本章主要介绍了列表与元组两种类型,涉及的知识点如下:
- 列表和元组的基本特点与概念;

- 列表和元组的输入输出方法,索引与切片访问方法;
- 列表和元组的基本运算、内置函数与常用方法;
- 列表与元组的应用。

6.8 动手写代码

1. 已知列表 ls＝[1,2,3,4,5,6,90,80,70,60,50],完成下列操作:

(1) 在 1 的前面插入元素－1;

(2) 在 50 的后面插入元素 40;

(3) 在 90 的前面插入 7;

(4) 删除元素 2;

(5) 将列表按照降序排序;

(6) 清空整个列表。

(7) 删除整个列表

2. 输入一个单词列表,要求输出长度最长的单词。最长单词如果有多个,就逐个输出。

提示:首先对列表按照单词长度进行逆序排序,这样第一个元素的单词长度是最长的;然后获得最长单词的长度,最后遍历输出最大长度的单词。

3. 从键盘输入一个数值型列表,去掉列表中重复的数字,按原来的次序输出。

4. 从键盘输入一个单词字符串,输出逆序后的单词串。例如原始单词字符串 stra＝'this is a good book',输出逆序后的单词字符串为'book good a is this'.

5. 甲、乙、丙、丁四人中有一人做了好事,甲说:不是我;乙说:是丙;丙说:是丁;丁说:丙说的不正确。其中三人说的是真话,一人说的是假话,试编写程序找出做好事的人。

6. 输出两个列表的最长公共元素:lsa＝['abc','def','abcde','def','ghi','a','b','bc','decfg'],lsb＝['dec','abc','dfe','abcde','ggg','decfg','hhh','jjjj'],依次输出列表 lsa 和 lsb 中最长的公共子串 abcde 和 decfg.

7. 从键盘输入一个字符串(包括数字,特殊符号,英文字母),提取其中的英文字母(不区分大小写),去掉重复的字母,然后对提取的结果按照字母表排序的逆序输出。

8. 从键盘输入一个学生各科成绩的字符串,score＝'程序设计:90,大学英语:85,电路:76,体育:89',编写程序求该学生的总分。

提示:导入 re 模块,使用 re.split(":|,",score)方法提取出每门课程,然后对列表遍历,得到每门课的分数,求取该学生的总分数。

9. 实现一个用户管理系统,包括以下 4 个功能。

(1) 添加用户:从键盘输入要添加的用户信息,添加前需判断用户是否存在,如果存在,提示已存在;如果不存在,分别添加用户名和密码到原始的用户名和密码两个列表中。

(2) 删除用户:从键盘输入要删除的用户信息,如果用户存在,删除该用户以及对应的密码；如果不存在，提示用户不存在。

（3）查找会员：输入用户名，输出是否存在该用户。

（4）退出程序。

10. 输入一个嵌套列表，嵌套层次不限，根据层次，求列表元素的加权个数和。第一层每个元素算 1 个元素，第二层每个元素算 2 个元素，第三层每个元素算 3 个元素，第四层每个元素算 4 个元素，……，以此类推。

如输入[1,2,[3,4,[5,6],7],8]，输出：15。

第 7 章 字典与集合

Python 作为一种极其方便的语言,适用于各种场合。学习 Python 到一定程度时,解决一些问题就需要使用字典和集合。字典和集合是进行过性能高度优化的数据结构,特别适用于数据的查找、添加和删除操作。字典和集合是非常有用的容器,善用它们往往可以事半功倍。

7.1 任务一 快递物流公司电话簿

中国物流行业的强大,体现在我们生活的每个瞬间。尤其在疫情期间,除了奋战在一线的医护人员,我们还应当记住在战疫物流上默默奉献的许多人。他们可能是来自民间的志愿者,也可能来自各大物流企业,他们的贡献值得我们为之点赞。

7.1.1 任务目标

表 7-1 罗列了部分快递物流公司的名称、名称缩写和电话号码。编写程序,完成以下功能。

表 7-1 快递物流公司电话簿

快递物流公司名称	名称缩写	电话号码
顺丰速运	SF	95338
申通快递	STO	95543
韵达快递	YUNDA	95546
圆通速递	YTO	95554
中通速递	ZTO	95311
中国邮政速递	EMS	11183
宅急送	ZJS	400-6789-000
百世快递	BEST	95320
天天快递	TTK	4001-888-888
闪送	FlashEx	400-612-6688
京东物流	JDL	950616

（1）创建字典，将名称缩写和电话号码存入字典中，并且输出字典。

（2）从键盘输入公司名称，查询对应电话号码。

（3）将"全峰快递"公司的名称和电话号码添加到字典中。

（4）将"全峰快递"公司的电话号码修改为"The number that you dialed does not exist"。

（5）物竞天择，适者生存。随着快递行业的激烈竞争，一些快递巨头"接连倒下"，例如全峰快递。从字典中删除全峰公司的信息。

（6）遍历字典的条目。

7.1.2 操作步骤

（1）在 IDLE 中创建新文件，输入代码，如程序段 7-1 所示。

程序段 7-1

```
while True:
    print "1----字典的创建和输出"
    print "2----字典元素的查询"
    print "3----字典的增加"
    print "4----字典的修改"
    print "5----字典的删除"
    print "6----遍历字典的条目"
    print "7----退出程序"
    n=input("请输入您的选择: ")
    if n==1:
        express={"SF":"95338","STO":"95543","YUNDA":"95546","YTO":"95554",
                "ZTO":"95311","EMS":"11183","ZJS":"400-6789-000","BEST":
                "95320", "TTK":"4001-888-888","FlashEx":"400-612-6688",
                "JDL":"950616"}
        print express
        print "-------------------------------------------"

    elif n==2:
        name=raw_input("请输入快递公司名称: ")
        if name in express:
            print express[name]
        else:
            print "no find"
        print "-------------------------------------------"

    elif n==3:
        express["QFKD"]="400-698-0398"
        print express
        print "-------------------------------------------"
```

```
    elif n==4:
        express["QFKD"]="The phone you are calling is power off."
        print express
        print "------------------------------------------------"


    elif n==5:
        name=raw_input("请输入快递公司名称: ")
        if name in express:
            express.pop(name)
        else:
            print "no find"
        print "------------------------------------------------"


    elif n==6:
        print "遍历字典的条目"
        for k,v in express.items():
            print "%-15s\t%s"%(k,v)
        print "------------------------------------------------"


    elif n==7:
        break
    else:
        print "输入错误!"
        print "------------------------------------------------"
print "------------------程序运行结束------------------"
```

这段程序比较长,将所有的代码都写在一个程序中,实现了字典的 6 个功能。事实上,这并不是好的编程方法。第 8 章会让我们认识到,更好的解决方法是使用模块化程序设计的思路,即事先编好一批实现不同功能的函数,然后根据需要进行函数的调用。

（2）运行程序,结果如图 7-1 所示。字典输出的顺序和创建时的顺序不一样。

7.1.3　必备知识

7.1.3.1　字典的概念

Python 的数据类型可以归纳为两大类:简单类型和容器类型。

简单类型包括整数、浮点数、复数、布尔值和字符串。容器类型包括列表、元组、字典和集合。简单类型用来表示值,而容器类型用来组织这些值。

字典(dict)是除列表以外最灵活的容器类型,是 Python 中唯一的映射类型。映射是数学中的术语,它指的是元素之间相互对应的关系,即通过一个元素,可以找到另一个元素。简而言之,就是通过索引,可以访问其对应的各个值,如图 7-2 所示。

```
==================== RESTART: D:\Python\p7-1.py ====================
1——字典的创建和输出
2——字典元素的查询
3——字典的增加
4——字典的修改
5——字典的删除
6——遍历字典的条目
7——退出程序
请输入您的选择：1
{'JDL': '950616', 'ZTO': '95311', 'STO': '95543', 'YTO': '95554', 'EMS': '11183', 'ZJS': '400-6789-000', 'BEST': '95320', 'YUNDA': '95546',
'TTK': '4001-888-888', 'FlashEx': '400-612-6688', 'SF': '95338'}
———————————————————————————————————————————
1——字典的创建和输出
2——字典元素的查询
3——字典的增加
4——字典的修改
5——字典的删除
6——遍历字典的条目
7——退出程序
请输入您的选择：2
请输入快递公司名称：YUNDA
95546
———————————————————————————————————————————
1——字典的创建和输出
2——字典元素的查询
3——字典的增加
4——字典的修改
5——字典的删除
6——遍历字典的条目
7——退出程序
请输入您的选择：3
{'JDL': '950616', 'ZTO': '95311', 'STO': '95543', 'YTO': '95554', 'EMS': '11183', 'ZJS': '400-6789-000', 'BEST': '95320', 'YUNDA': '95546',
'TTK': '4001-888-888', 'FlashEx': '400-612-6688', 'QFKD': '400-698-0398', 'SF': '95338'}
```

```
1——字典的创建和输出
2——字典元素的查询
3——字典的增加
4——字典的修改
5——字典的删除
6——遍历字典的条目
7——退出程序
请输入您的选择：4
{'JDL': '950616', 'ZTO': '95311', 'STO': '95543', 'YTO': '95554', 'EMS': '11183', 'ZJS': '400-6789-000', 'BEST': '95320', 'YUNDA': '95546',
'TTK': '4001-888-888', 'FlashEx': '400-612-6688', 'QFKD': 'The phone you are calling is power off.', 'SF': '95338'}
———————————————————————————————————————————
1——字典的创建和输出
2——字典元素的查询
3——字典的增加
4——字典的修改
5——字典的删除
6——遍历字典的条目
7——退出程序
请输入您的选择：5
请输入快递公司名称：QFKD
```

```
1——字典的创建和输出
2——字典元素的查询
3——字典的增加
4——字典的修改
5——字典的删除
6——遍历字典的条目
7——退出程序
请输入您的选择：6
遍历字典的条目
JDL          950616
ZTO          95311
STO          95543
YTO          95554
EMS          11183
ZJS          400-6789-000
BEST         95320
YUNDA        95546
TTK          4001-888-888
FlashEx      400-612-6688
SF           95338
———————————————————————————————————————————
1——字典的创建和输出
2——字典元素的查询
3——字典的增加
4——字典的修改
5——字典的删除
6——遍历字典的条目
7——退出程序
请输入您的选择：7
——————————程序运行结束——————————
```

图 7-1　任务一运行结果

Python 程序设计任务驱动式教程

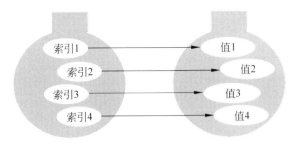

图 7-2　映射关系示意图

　　字典可以存储多个数据,适合将不同种类、不同用途的数据组合在一起,通常用于描述一个事物的相关信息。

　　例如表 7-1 所示的快递物流公司电话簿中和快递公司相关的信息包括公司名称、名称缩写、电话号码等。将这些数据保存在字典中,可以根据公司名称查找电话。

　　如表 7-2 所示的学生基本信息表中,和学生相关的信息包括学号、姓名、性别、年龄、成绩等。将这些数据保存在字典中,可以根据学号查找姓名、性别、年龄等等。

表 7-2　学生基本信息表

ID(学号)	name(姓名)	gender(性别)	age(年龄)	score(成绩)
190001	Tom	male	19	598
190126	Sylvia	female	19	605
202001	Moira	female	18	586
200336	Darcy	male	18	635
200318	Aiden	male	18	618
200112	Jane	female	18	620

　　字典的实现原理与我们生活中查字典的行为类似。查字典行为是先根据部首或拼音查找对应的页码,而 Python 中的字典是根据索引查找值。

　　字典具有如下特点。

　　(1)字典中,将各元素对应的索引称为键(key)。

　　(2)各个键对应的元素称为值(value)。

　　(3)键及其关联的值称为键值对(key:value)。

　　(4)字典中的每一对键值对称为字典的条目(item)。

　　(5)字典的主要应用是对数据做快速检索。在使用字典时,将要查询的数据作为键,将其他数据作为值。

　　例如,在对快递公司的信息进行管理时,经常要根据快递公司的名称进行数据查询,此时就可以将快递公司的名称或名称缩写作为键,其他数据作为值。

　　在进行学生信息管理时,经常要根据学号进行学生信息的查询,此时就可以将学号作为键,其他信息作为值。

7.1.3.2 字典的创建

1. 使用{}创建字典

字典用花括号{}定义,建立模式如下:

```
{<键 1>:<值 1>,<键 2>:<值 2>,…,<键 n>:<值 n>}
```

字典使用键值对存储数据。键和值通过“:”(英文冒号)连接,不同的键值对之间通过“,”(英文逗号)分隔。

例如,创建字典 express,将若干个快递公司的名称缩写和电话号码存入字典中,“名称缩写”是键,“电话号码”是值。

```
express={"SF":"95338","STO":"95543","YUNDA":"95546","YTO":"95554",
        "ZTO":"95311","EMS":"11183","ZJS":"400-6789-00","BEST":"95320",
        "TTK":"4001-888-888","FlashEx":"400-612-6688","JDL":"950616"}
```

字典可以存储众多对象的同一种信息。express 字典中存储了若干快递公司的名称缩写和电话号码。

例如,创建字典 student,将一个学生的 ID(学号)、name(姓名)、gender(性别)、age(年龄)、score(成绩)存入字典中,ID、name、gender、age、score 是键。

```
student={"ID":"190001","name":"Tom","gender":"male","age":"19","score":
598}
```

字典也可以存储一个对象的多种信息。student 字典中存储了一个学生的学号、姓名、性别等多种信息。

2. 使用 dict()函数创建字典

方法一:用 dict()函数传入关键字。

```
student=dict(ID="190001",name="Tom",gender="male",age=19,score=598)
```

方法二:映射函数方式构造字典。

```
student=dict(zip(["ID","name","gender","age","score"],["190001","Tom",
"male",19,598]))
```

方法三:使用 dict()函数将列表构造成字典。

```
student=dict([["ID","190001"],["name","Tom"],["gender","male"],["age",19],
["score",598]])
```

方法四:使用 dict()函数将元组构造成字典。

```
student=dict([("ID","190001"),("name","Tom"),("gender","male"),("age",19),
("score",598)])
```

方法五：创建一个空字典。

```
d1=dict()
```

3. 字典的特点

（1）同一字典中的各个"键"必须唯一，不能重复，并且是不可变的。即"键"只能使用数字、字符串或者元组，不能使用列表、字典。

（2）字典中的"值"是可以重复的。

（3）字典是一种无序的、可变的序列。在图7-1中，字典打印出来的顺序与创建之初的顺序不同，这不是错误。

例如下面语句：

```
student={"ID":"190001","name":"Tom","gender":"male","age":"19","score":
598}
print student
```

输出结果如图7-3所示，"键"值顺序不定。

```
===================== RESTART: D:\Python\example.py =====================
{'gender': 'male', 'age': '19', 'score': 598, 'ID': '190001', 'name': 'Tom'}
>>>
```

图7-3　字典的无序

Python 3.7 改写了字典的内部算法。从 Python 3.7 开始，字典是有序的，在此版本之前，字典皆是无序的。

（4）字典通过 key 值进行索引，查找效率高。

7.1.3.3　字典的访问

访问字典元素，使用方括号［］运算符，键作为索引。具体格式为：

```
字典名［键］
```

键必须是字典中的合法键，否则会抛出 KeyError 异常。

例如下面语句：

```
student={"ID":"190001","name":"Tom","gender":"male","age":"19","score":
598}
print student["name"]
print student["email"]
```

输出结果如图7-4所示，name 是合法键，输出对应的值；email 这个键不存在，抛出异常。

```
===================== RESTART: D:\Python\example.py =====================
Tom

Traceback (most recent call last):
  File "D:\Python\example.py", line 3, in <module>
    print student["email"]
KeyError: 'email'
>>>
```

图 7-4 访问字典的值

7.1.3.4 字典的增加和修改

字典属于可变容器。字典在创建之后,可以添加新的条目和改变条目内容。具体格式为:

```
字典名[键]=值
```

(1) 当键不在字典中时,执行的是添加条目的操作。

例如下面语句,在 express 字典中,添加了一对新的键值对,键是"QFKD",值是"400-698-0398"。

```
express["QFKD"]="400-698-0398"
```

(2) 当键在字典中存在时,就执行修改条目的操作。

修改与给定键关联的值,把新的值赋给已存在的键。例如下面语句,将 QFKD 的电话设置为"The phone you are calling is power off."。

```
express["QFKD"]="The phone you are calling is power off."
```

(3) 在一个空字典中,可以根据需要增加新的条目。

7.1.3.5 字典的查找

(1) 使用"in"成员运算符来确定一个键是否在字典中,语法格式为:

```
键 in 字典名
```

在程序段 7-1 中,从键盘输入一个公司名称缩写,如果键存在,则输出值(电话号码),否则输出"no find"。下面代码完成了字典数据的查找:

```
name=raw_input()
if name in express:
    print express[name]
else:
    print "no find"
```

（2）使用 get()方法获取条目的值。

```
字典名.get(键,默认值)
```

get()方法按照指定的键访问字典中对应条目,并返回其对应的值。如果指定的键在字典中不存在,则返回默认值。

例如下面代码:

```
number=express.get("JDL","no find")
print number
```

7.1.3.6 字典的删除

（1）用 pop()方法删除指定条目。语法格式为:

```
字典名.pop(键)
```

如果键不在字典中,pop()方法会抛出 KeyError 异常。为了防止抛出异常,可以先判断键是否在字典中。例如下面代码:

```
name=raw_input()
if name in express:
    express.pop(name)
else:
    print "no find"
```

（2）用 del 命令删除指定条目。语法格式为:

```
del 字典名[键]
```

（3）用 clear()方法清空字典条目。语法格式为:

```
字典名.clear()
```

（4）直接删除整个字典。语法格式为:

```
del 字典名
```

7.1.3.7 字典的遍历

遍历即访问字典中的键和值。
（1）遍历字典中的键。语法格式为:

```
字典名.keys()
```

使用字典中的 keys()方法,可以获取一个字典所有的键。例如下面代码,利用 for 循环遍历字典中所有的键:

```
for k in express.keys():
    print k
```

(2) 遍历字典中的值。语法格式为:

```
字典名.values()
```

使用字典中的 values()方法,可以获取一个字典所有的值。例如下面代码,利用 for 循环遍历字典中所有的键:

```
for v in express.values():
    print v
```

(3) 遍历字典中的条目。语法格式为:

```
字典.items()
```

使用字典中的 items()方法,可以同时获取一个字典的键和值,即字典中所有的条目。例如下面代码,利用 for 循环遍历字典中所有的条目:

```
for k,v in express.items():
    print "%-15s\t%s"%(k,v)
```

(4) 字典的排序。

为了提高查找效率,字典使用优化后的顺序来存储条目,可能和最初创建字典时的顺序不一致。可以在 for 循环中使用 sorted()函数,对键值进行排序。例如下面代码:

```
for k in sorted(express):
    print "%-15s\t%s"%(k,express[k])
```

结果如图 7-5 所示,字典的输出顺序是按照"键"的升序次序排列。

```
======================= RESTART: D:\Python\example.py =======================
BEST              95320
EMS               11183
FlashExqq         400-612-6688
JDL               950616
SF                95338
STO               95543
TTK               4001-888-888
YTO               95554
YUNDA             95546
ZJS               400-6789-000
ZTO               95311
>>>
```

图 7-5　字典的排序

———————————— Python 程序设计任务驱动式教程

7.2 任务二 英文词频分析

每一门编程语言都有其创造者的设计理念(或设计哲学),称之为"禅"。Python 把它的"禅"内置在了 this 模块中,在 Python 的交互界面输入 import this 后回车,便会显示出一段优美的英文文字:The Zen of Python,by Tim Peters。Tim Peters 撰写了 19 条指导原则,即 Python 代码的编写规范。遵循这些规范,用户能够写出漂亮且易读的 Python 代码,当然这需要一个过程,除了不断练习,也需要理解这些原则。

7.2.1 任务目标

编写程序,统计"The Zen of Python"这段英文文字中单词的出现次数,并将出现次数最多的单词和它们出现的次数按降序排序,输出前 10 名的单词和次数。

7.2.2 操作步骤

(1) 在 IDLE 中创建新文件,输入代码,如程序段 7-2 所示。

程序段 7-2

```
txt='''
The Zen of Python, by Tim Peters

Beautiful is better than ugly.
Explicit is better than implicit.
Simple is better than complex.
Complex is better than complicated.
Flat is better than nested.
Sparse is better than dense.
Readability counts.
Special cases aren't special enough to break the rules.
Although practicality beats purity.
Errors should never pass silently.
Unless explicitly silenced.
In the face of ambiguity, refuse the temptation to guess.
There should be one--and preferably only one --obvious way to do it.
Although that way may not be obvious at first unless you're Dutch.
Now is better than never.
Although never is often better than * right * now.
If the implementation is hard to explain, it's a bad idea.
If the implementation is easy to explain, it may be a good idea.
```

```
Namespaces are one honking great idea --let's do more of those!
'''
for ch in '!"#$%&() * +,-./:;<=>? @[\\]^_{|}~ ':
    txt=txt.replace(ch, " ")
txt=txt.split()
wordscount={}
for word in txt:
    wordscount[word]=wordscount.get(word,0)+1
lst=list(wordscount.items())
lst.sort(key=lambda x:x[1], reverse=True)
for i in range(10):
    word, count=lst[i]
    print "%-10s\t%d"%(word,count)
```

代码中将英文文字赋给一个变量 txt。第 9 章中会介绍,更好的解决方法是将一段长文字放在一个文件中。

(2) 运行程序,结果如图 7-6 所示。

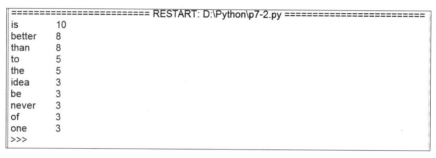

图 7-6   任务二运行结果

7.2.3   必备知识

词频指的是某一个给定的词语在一段文字中出现的次数。一个词语出现的次数越多,表明其越是核心词汇,对于快速理解文章具有重要的意义。

为了准备 CET4、CET6、TOEFL、IELTS 等语言考试,我们常常会看一些应试的高频词汇。词频统计软件会对历年的相关考试的文章做大量的数据分析和数据统计,得出哪些是在考试中常常见到的词汇,这些词汇就是高频词汇。

7.2.3.1   使用字典进行词频统计

使用字典进行词频统计的代码如程序段 7-2 所示,算法思路如下。

(1) 单词与其出现的次数之间是映射的关系,相当于键与值之间的关系。用字典键来存储单词,值存储单词出现的次数。wordscount 是一个空字典。

（2）for 循环遍历每一个单词，使用字典的 get（）方法：

```
for word in txt:
    wordscount[word]=wordscount.get(word,0)+1
```

如果字典中没有该单词，添加一个条目，将该单词作为键，值设为 1；如果该单词在字典中已经存在，将单词对应的值加 1。

for 循环遍历每一个单词，也可以用下面代码实现：

```
for word in txt:
    if word in wordscount:
        wordscount[word]+=1
    else:
        wordscount[word]=1
```

两段代码比较，前者更简洁优雅。

（3）将字典中的条目存为列表类型：

```
lst=list(wordscount.items())
```

（4）对列表进行排序，按照单词出现的次数降序排序。

```
lst.sort(key=lambda x:x[1], reverse=True)
```

（5）for 循环输出列表中前 10 位的单词和次数。

```
for i in range(10):
    word, count=lst[i]
    print "%-10s\t%d"%(word,count)
```

7.2.3.2 使用 Counter 进行词频统计

Python 的编码原则就是用尽可能少的代码来解决问题。对于词频统计，实现的方式有很多种。

Counter 是标准库 collections 提供的一个非常有用的容器，用来对序列中出现的各个元素进行计数。Counter 是一个无序的容器类型，以字典的键值对形式存储，其中元素作为键，其计数作为值，用来跟踪值出现的次数。

使用 Counter 进行词频统计，代码如下：

```
from collections import Counter        #引用标准库 collections
for ch in '!"#$%&()*+,-./:;<=>?@[\\]^_{|}~ ':
    txt=txt.replace(ch, " ")
txt=txt.split()
wordscount=Counter(txt)                #使用 Counter 对单词计数
print wordscount.most_common(10)        #以列表的形式，返回前 10 个最高词频
```

显然,使用 Counter 代码最简洁,更符合 Python 开发之道。

7.3　任务三　学生基本信息表

7.3.1　任务目标

根据表 7-2,编写程序,完成以下功能。

(1) 创建字典,将学生基本信息存储到字典中。

(2) 输出 ID 为 202001 的学生的信息。

(3) 按照输入的 ID 进行查询。

(4) 字典嵌套的遍历。

(5) 统计男女各有多少人,输出年龄大于 18 岁的学生的姓名。

(6) 输出成绩最高的学生信息。

7.3.2　解决步骤

(1) 在 IDLE 中创建新文件,输入代码,如程序段 7-3 所示。

程序段　7-3

```
while True:
    print "1----字典中存储字典"
    print "2----输出 ID 是 202001 的信息"
    print "3----按照输入的 ID 进行查询"
    print "4----字典嵌套的遍历"
    print "5----统计男女各有多少人,输出年龄大于 18 岁的学生的姓名"
    print "6----输出成绩最高的学生信息"
    print "7----退出程序"
    n=input("请输入您的选择: ")
    if n==1:
        students={'190001':{'name':"Tom",'gender':'male','age':19,'score':
                598},'190126':{'name':"Sylvia",'gender':'female','age':19,
                'score':605}, ' 202001 ': { ' name ':"Moira", ' gender ': ' female ',
                'age': 18, 'score': 586}, '200336': {'name':"Darcy", 'gender':
                'male', 'age': 18, 'score': 635}, '200318': {'name':"Aiden",
                'gender':'male', 'age': 18, 'score': 618}, '200112':{'name':
                "Jane",'gender':'female','age':18,'score':620},
                }
        print students
        print "----------------------------------------------"
```

```
    elif n==2:
        print students['202001']
        print students['202001']['name']
        print "---------------------------------------------"

    elif n==3:
        xh=raw_input("please input ID:")
        if xh in students:
            print students[xh]
        else:
            print 'no find'
        print "---------------------------------------------"

    elif n==4:
        for k,v in students.items():
            print k,v['name'],v['gender'],v['age'],v['score']
        print "---------------------------------------------"

    elif n==5:
        cnt={}
        xm=[]
        for k,v in students.items():
            cnt[v['gender']]=cnt.get(v['gender'],0)+1
            if v['age']>18:
                xm.append(v['name'])
        print "female=%d  male=%d" %(cnt['female'],cnt['male'])
        print ">18",xm
        print "---------------------------------------------"

    elif n==6:
        MAX=max(students, key=lambda x:students[x]['score'])
        print MAX
        print students[MAX]
        print "---------------------------------------------"

    elif n==7:
        break
    else:
        print "输入错误!"
        print "---------------------------------------------"
print "-----------------------程序运行结束-------------------"
```

（2）运行程序，结果如图 7-7 所示。

```
========================= RESTART: D:\Python\p7-3.py =========================
1——字典中存储字典
2——输出ID是202001的信息
3——按照输入的ID进行查询
4——字典嵌套的遍历
5——统计男女各有多少人，输出年龄大于18岁的学生的姓名
6——输出成绩最高的学生信息
7——退出程序
请输入您的选择：1
{'200336': {'gender': 'male', 'age': 18, 'score': 635, 'name': 'Darcy'}, '200112': {'gender': 'female', 'age': 18, 'score': 620, 'name': 'Jane'}
, '190001': {'gender': 'male', 'age': 19, 'score': 598, 'name': 'Tom'}, '200318': {'gender': 'male', 'age': 18, 'score': 618, 'name': 'Aiden'}, '
202001': {'gender': 'female', 'age': 18, 'score': 586, 'name': 'Moira'}, '190126': {'gender': 'female', 'age': 19, 'score': 605, 'name': 'Sylvi
a'}}
--------------------------------
1——字典中存储字典
2——输出ID是202001的信息
3——按照输入的ID进行查询
4——字典嵌套的遍历
5——统计男女各有多少人，输出年龄大于18岁的学生的姓名
6——输出成绩最高的学生信息
7——退出程序
请输入您的选择：2
{'gender': 'female', 'age': 18, 'score': 586, 'name': 'Moira'}
Moira
--------------------------------
1——字典中存储字典
2——输出ID是202001的信息
3——按照输入的ID进行查询
4——字典嵌套的遍历
5——统计男女各有多少人，输出年龄大于18岁的学生的姓名
6——输出成绩最高的学生信息
7——退出程序
请输入您的选择：3
please input ID:200112
{'gender': 'female', 'age': 18, 'score': 620, 'name': 'Jane'}
--------------------------------
1——字典中存储字典
2——输出ID是202001的信息
3——按照输入的ID进行查询
4——字典嵌套的遍历
5——统计男女各有多少人，输出年龄大于18岁的学生的姓名
6——输出成绩最高的学生信息
7——退出程序
请输入您的选择：4
200336 Darcy male 18 635
200112 Jane female 18 620
190001 Tom male 19 598
200318 Aiden male 18 618
202001 Moira female 18 586
190126 Sylvia female 19 605
--------------------------------
1——字典中存储字典
2——输出ID是202001的信息
3——按照输入的ID进行查询
4——字典嵌套的遍历
5——统计男女各有多少人，输出年龄大于18岁的学生的姓名
6——输出成绩最高的学生信息
7——退出程序
请输入您的选择：5
female=3  male=3
>18 ['Tom', 'Sylvia']
--------------------------------
1——字典中存储字典
2——输出ID是202001的信息
3——按照输入的ID进行查询
4——字典嵌套的遍历
5——统计男女各有多少人，输出年龄大于18岁的学生的姓名
6——输出成绩最高的学生信息
7——退出程序
请输入您的选择：6
200336
{'gender': 'male', 'age': 18, 'score': 635, 'name': 'Darcy'}
--------------------------------
1——字典中存储字典
2——输出ID是202001的信息
3——按照输入的ID进行查询
4——字典嵌套的遍历
5——统计男女各有多少人，输出年龄大于18岁的学生的姓名
6——输出成绩最高的学生信息
7——退出程序
请输入您的选择：7
------------程序运行结束------------
```

图 7-7　任务三运行结果

7.3.3 必备知识

字典可以存储一个对象的多种信息。例如：

```
student={"ID":"190001","name":"Tom","gender":"male","age":"19","score":
598}
```

在 student 字典中，字典存储了一个学生的基本信息，包含多个键：ID、name、gender、age、score。

字典 student 包含一个学生的信息，但无法存储第二个学生的信息。显然，单一的字典无法存储多个学生的多种信息。如何解决这个问题呢？这就需要使用字典的嵌套，即可以在字典中嵌套字典，也可以在字典中嵌套列表。

7.3.3.1 在字典中嵌套字典

字典里的键可以是数字、字符串或元组，其对应的值可以是 Python 支持的任何类型对象，除了数字、字符串，也可以是列表、元组或者字典。

有时需要将一系列字典存储在字典中，或将列表作为值存储在字典中，这就称为字典的嵌套。

1. 字典的创建

程序段 7-3 中创建了 students 字典，存储 6 个学生的基本信息：

```
students={'190001':{'name':"Tom",'gender':'male','age':19,'score':598},
         '190126':{'name':"Sylvia",'gender':'female','age':19,'score':
         605},'202001':{'name':"Moira",'gender':'female','age':18,'score':
         586},'200336':{'name':"Darcy",'gender':'male','age':18,'score':
         635},'200318':{'name':"Aiden",'gender':'male','age':18,'score':
         618},'200112':{'name':"Jane",'gender':'female','age':18,'score':
         620},
         }
```

每个学生的 ID 是键，每个学生的其他信息为值，值存储在一个内层字典中，内层字典又包含了多个键值对。就像俄罗斯套娃，字典中还嵌套着字典。

2. 字典的访问

访问字典元素时，外层字典的键和内层字典的键都可以作为索引。例如：

```
print students['202001']
print students['202001']['name']
```

3. 字典的遍历

字典可以按照键来提取值，但是按照值直接访问键是不可行的。程序段 7-3 中，为了统计男女学生人数,在遍历字典时,利用 get()函数将性别和人数依次存放在空字典 cnt 中;同时将超过 18 岁的学生姓名逐个添加到列表 xm 中。

```
cnt={}
xm=[]
for k,v in students.items():
    cnt[v['gender']]=cnt.get(v['gender'],0)+1
    if v['age']>18:
        xm.append(v['name'])
```

7.3.3.2　在字典中嵌套列表

当字典中的一个键对应多个值时,也可以把列表存储在字典里。任务三用字典中嵌套列表的方法实现,代码如程序段 7-4 所示。

程序段　7-4

```
#字典中存储列表
students={'190001':["Tom",'male',19,598],
          '190126':["Sylvia",'female',19,605],
          '202001':["Moira",'female',18,586],
          '200336':["Darcy",'male',18,635],
          '200318':["Aiden",'male',18,618],
          '200112':["Jane",'female',18,620],
          }

#输出 ID 是 202001 的信息
print students['202001']
print students['202001'][0]
print "--------------------------------------------------"

#按照输入的 ID 进行查询
xh=raw_input("please input ID:")
if xh in students:
    print students[xh]
else:
    print 'no find'
print "--------------------------------------------------"

#字典嵌套的遍历
for k,v in students.items():
    print k,v[0],v[1],v[2],v[3]
print "--------------------------------------------------"
```

```
#统计男女各有多少人,输出年龄大于18岁的学生的姓名
cnt={}
xm=[]
for k,v in students.items():
    cnt[v[1]]=cnt.get(v[1],0)+1
    if v[2]>18:
        xm.append(v[0])
print "female=%d  male=%d" %(cnt['female'],cnt['male'])
print ">18",xm
print "--------------------------------------------------"

#输出成绩最高的学生信息
MAX=max(students, key=lambda x:students[x][3])
print MAX
print students[MAX]
```

1. 字典的创建

程序段 7-4 中创建了 students 字典,存储 6 个学生的基本信息:

```
students={'190001':["Tom",'male',19,598],
          '190126':["Sylvia",'female',19,605],
          '202001':["Moira",'female',18,586],
          '200336':["Darcy",'male',18,635],
          '200318':["Aiden",'male',18,618],
          '200112':["Jane",'female',18,620],
          }
```

每个学生的 ID 是键,每个学生的其他信息为值,值存储在一个列表中。

2. 字典的访问

字典通过键访问,列表通过索引访问。例如:

```
print students['202001']
print students['202001'][0]
```

7.4 任务四 学生调查问卷

7.4.1 任务目标

某软件学院为了合理安排后续教学,需对学生曾经学过的程序设计语言进行统计。表 7-3 是对 C 语言和 Python 语言的调查问卷。编写程序,完成以下功能:

（1）统计参加调查问卷的所有学生名单并输出；

（2）统计学过两门语言的学生名单并输出；

（3）统计仅学过 C 语言的学生名单并输出；

（4）统计仅学过 Python 语言的学生名单并输出；

（5）统计仅学过一门语言的学生名单并输出。

表 7-3　学生调查问卷

名字	C 语言	Python 语言
Xu	√	√
Li	√	
Wu		√
Yang	√	
Yue	√	√
Lin		√
Zhang	√	√
Tang		√
Long		√
Huang		√
Wang	√	√
Chen	√	√

7.4.2　解决步骤

（1）在 IDLE 中创建新文件，输入代码，如程序段 7-5 所示。

程序段　7-5

```python
#集合变量 C 语言和 Python 语言分别存储学过 C 语言和 Python 语言的学生名单
c={"Xu","Li","Yang","Yue","Zhang","Wang","Chen"}
python={"Xu","Wu","Yue","Lin","Zhang","Tang","Long","Huang","Wang","Chen"}

print "统计参加调查问卷的所有学生名单并输出"
set1=c|python
for i in set1:
    print i,
print"\n"

print "统计学过两门语言的学生名单并输出"
set2=c&python
for i in set2:
```

```
        print i,
    print"\n"

print "统计仅学过 C 语言的学生名单并输出"
set3=c-python
for i in set3:
        print i,
    print"\n"

print "统计仅学过 Python 语言的学生名单并输出"
set4=python-c
for i in set4:
        print i,
    print"\n"

print "统计仅学过一门语言的学生名单并输出"
set5=c^python
for i in set5:
        print i,
    print"\n"
```

（2）运行程序，结果如图 7-8 所示。

```
======================= RESTART: D:\Python\p7-5.py =======================
统计参加调查问卷的所有学生名单并输出
Tang Lin Long Li Yang Yue Wang Zhang Wu Huang Chen Xu

统计学过两门语言的学生名单并输出
Chen Xu Yue Wang Zhang

统计仅学过C语言的学生名单并输出
Yang Li

统计仅学过Python语言的学生名单并输出
Tang Lin Wu Long Huang

统计仅学过一门语言的学生名单并输出
Tang Lin Long Li Wu Yang Huang
```

图 7-8　任务四运行结果

7.4.3　必备知识

7.4.3.1　集合的概念

Python 中的集合和数学中的集合概念一样，用来保存不重复的元素，是包含一组唯一值的容器。集合的特点如下。

（1）集合是无序可变的序列。

（2）集合中的元素都是唯一的，互不相同。

（3）集合中的元素只能是固定数据类型，如整数、浮点数、字符串、元组等，不能是列表、字典和集合等可变数据类型。

（4）因为集合是无序组合，它没有索引和位置的概念，不能切片。

（5）由于集合是无序的，所以元素的输出顺序与定义顺序不一致。

（6）当需要对一组数据进行去重或进行数据重复处理时，一般通过集合来完成。

7.4.3.2 集合的创建

1. 使用{}创建

从形式上看，和字典类似，集合会将所有元素放在一对花括号 {} 中，相邻元素之间用"，"分隔，集合中的元素个数没有限制。创建模式如下：

```
{元素 1,元素 2,...,元素 n}
```

例如，用赋值语句创建集合 c 和集合 python，集合中的元素是字符串类型。

```
c={"Xu","Li","Yang","Yue","Zhang","Wang","Chen"}
python={"Xu","Wu","Yue","Lin","Zhang","Tang","Long","Huang","Wang","Chen"}
```

例如，用赋值语句创建集合 set1、set2 和 set3。

```
set1={1,2,3}
set2={3.14,"python",88,(20,'true')}
set3={3.14,"python",88,[20,'true']}
```

集合 set3 抛出 TypeError 错误，集合无法存储列表、字典、集合这些可变的数据类型，如图 7-9 所示。

```
Traceback (most recent call last):
  File "C:\Users\zhangyx\Desktop\1.py", line 3, in <module>
    set3={3.14,"python",88,[20,'true']}
TypeError: unhashable type: 'list'
>>>
```

图 7-9　运行错误

2. 使用 set() 函数创建

set() 函数为 Python 的内置函数，其功能是将字符串、列表、元组、range 等对象转换成集合。例如：

```
set1=set("python")                          #字符串转换为集合
set2=set(["wang","zhao","li","xiao"])       #列表转换为集合
set3=set((3.14,"python",88,20,'true'))      #元组转换为集合
set4=set(range(1,10))                       #range 序列转换为集合
set5=set()                                  #创建空集合
```

7.4.3.3 集合的数学运算

如图 7-10 所示,集合的数学运算包括:两个集合的交集运算、并集运算、差集运算以及对称差集运算。任务四就是利用集合的数学运算完成数据统计的。

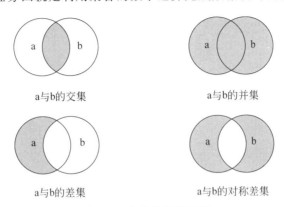

a与b的交集   a与b的并集

a与b的差集   a与b的对称差

图 7-10　集合的数学运算

(1) 交集。两个集合的交集包含所有同时属于两个集合的元素。

(2) 并集。两个集合的并集包含两个集合中的所有元素,去除重复的元素。

(3) 差集。两个集合的差集包含属于集合 a 但不属于集合 b 的元素。

(4) 对称差。两个集合的对称差集包含两个集合的元素,但不包括同时在其中的元素,即两个集合的并集减去它们的交集。

Python 提供了集合的数学运算符,也提供了对应的方法。假设集合 S={1,2,3},集合 T={3,4,5},运算符和方法的使用如表 7-4 所示。

表 7-4　集合的数学运算符和方法

集合运算	运算符	方　　法	示　　例
交集	&	intersection( )	S&T 或者 S.intersection(T) 交集是{3}
并集	|	union( )	S|T 或者 S.union(T) 并集是{1,2,3,4,5}
差集	—	difference( )	S−T 或者 S.difference(T) 差集是{1,2}
对称差集	^	symmetric_difference( )	S^T 或者 S.symmetric_difference(T) 对称差集是{1,2,4,5}

7.4.3.4 集合的操作

1. 集合的遍历

集合的元素是无序的,也没有键和值的概念,所以集合元素的访问可以通过集合名作为整体输出,或者通过 for 循环实现元素遍历。

例如下面代码:

```
set1=c|python                    #集合 set1
for i in set1:                   #for 循环迭代集合的元素
    print i,                     #逐个输出集合元素
```

元素的输出顺序与创建集合时的顺序可能是不同的。如果想要按照一定的顺序输出,可以使用 sorted()函数。

例如下面代码:

```
set1=c|python
for i in sorted(set1):           #集合元素升序排序
    print i,
```

2. 集合的常见操作函数

内置函数 len()、max()、min()、sum()等也适用于集合。

```
num_set={90,56,78,89,95,63}
print len(num_set)               #结果为 6
print max(num_set)               #结果为 95
print min(num_set)               #结果为 56
print sum(num_set)               #结果为 471
```

3. 子集和超集

两个集合之间的关系如表 7-5 所示。

表 7-5　两个集合之间的关系

集合操作	描　　述
S==T	两个集合相同,即元素个数及值都相同,返回 True,否则返回 False
S!=T	两个集合不相同,返回 True,否则返回 False
S<=T	如果 S 与 T 相同或 S 是 T 的子集,返回 True,否则返回 False。可以用 S<T 判断 S 是否是 T 的真子集
S>=T	如果 S 与 T 相同或 S 是 T 的超集,返回 True,否则返回 False。可以用 S>T 判断 S 是否是 T 的真超集

例如下面代码:

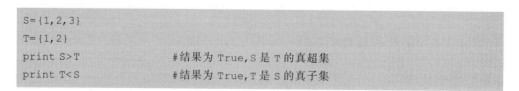

```
S={1,2,3}
T={1,2}
print S>T                        #结果为 True,S 是 T 的真超集
print T<S                        #结果为 True,T 是 S 的真子集
```

4. 集合的常见操作方法

集合中的元素可以动态增加或删除,操作方法如表 7-6 所示。

Python 程序设计任务驱动式教程

表 7-6　集合的常见操作方法

常见操作方法	描述
S.add(x)	如果数据项 x 不在集合 S 中,则将 x 添加到集合 S 中
S.update(T)	将集合 T(如果 T 是序列则转换为集合)合并到集合 S 中
S.discard(x)	如果在集合 S 中存在元素 x,则删除
S.remove(x)	从集合 S 中删除元素 x,如果不存在则引发 KeyError
S.pop()	删除并且返回集合 S 中一个不确定的元素,如果为空则引发 KeyError
S.clear()	清空集合 S 里面的所有元素
S.copy()	复制集合 S

例如,在 Python Shell 窗口中输入如下语句:

```
>>>s={1,2,3}
>>>s.add(4)              #add添加单个元素,如果添加集合中已经存在的元素,集合不会被修改
>>>s
set([1, 2, 3, 4])

>>>s.update([2,3,4,5])    #用 update()方法添加多个元素,将列表中元素添加到集合中
>>>s
set([1, 2, 3, 4, 5])

>>>s.remove(3)           #用 remove()方法删除元素
>>>s
set([1, 2, 4, 5])

>>>s.remove(3)           #用 remove()方法删除不存在的元素,引发 KeyError 错误
Traceback (most recent call last):
  File "<pyshell#7>", line 1, in<module>
    s.remove(3)
KeyError: 3

>>>s.discard(3)          #用 discard()方法删除不存在的元素,不会引发错误
>>>s
set([1, 2, 4, 5])

>>>s.pop()               #用 pop()方法删除任一元素
1
>>>s
set([2, 4, 5])

>>>s.copy()              #用 copy()方法复制集合
set([2, 4, 5])

>>>s.clear()             #用 clear()方法清空集合
>>>s
set([])
```

7.5　任务五　单词去重

路易斯·阿姆斯特朗最经典的曲目是 *What a Wonderful World*，这首歌曾作为电影《早安，越南》的插曲，布鲁斯·威利斯主演的电影《12 只猴子》的片尾曲，和赫里尼克·罗斯汉主演的电影《雨中的请求》插曲，汤唯主演电影《北京遇上西雅图》片尾曲，以及《海底总动员 2》片中插曲。

7.5.1　任务目标

编写程序，将 *What a Wonderful World* 歌词中的单词去重，统计单词的数量。

7.5.2　解决步骤

（1）在 IDLE 中创建新文件，输入代码，如程序段 7-6 所示。代码中将歌词赋给变量 txt。

程序段　7-6

```
txt='''
I see trees of green, red roses too
I see them bloom for me and you
And I think to myself, what a wonderful world
I see skies of blue and clouds of white
The bright blessed days, the dark sacred nights
And I think to myself, what a wonderful world
The colours of the rainbow, so pretty in the skies
Are also on the faces of people going by
I see friends shaking hands, saying' "How do you do?"
They're really saying "I love you"
I hear babies cry, I watch them grow
They'll learn much more than I'll ever know
And I think to myself, what a wonderful world
Yes, I think to myself, what a wonderful world
'''
for ch in '!"#$%&()*+,-./:;<=>? @[\\]^_{|}~ ':
    txt=txt.replace(ch, " ")
txt=txt.split()

for i in range(len(txt)):
    txt[i]=txt[i].lower()
```

```
print txt
print len(txt)
print

s=set(txt)
lst=list(s)
print lst
print len(lst)
```

（2）运行程序，结果如图 7-11 所示。

```
======================= RESTART: D:/Python/p7-5.py =========================
['i', 'see', 'trees', 'of', 'green', 'red', 'roses', 'too', 'i', 'see', 'them', 'bloom', 'for', 'me', 'and', 'you', 'an
d', 'i', 'think', 'to', 'myself', 'what', 'a', 'wonderful', 'world', 'i', 'see', 'skies', 'of', 'blue', 'and', 'clouds', '
of', 'white', 'the', 'bright', 'blessed', 'days', 'the', 'dark', 'sacred', 'nights', 'and', 'i', 'think', 'to', 'myself
', 'what', 'a', 'wonderful', 'world', 'the', 'colours', 'of', 'the', 'rainbow', 'so', 'pretty', 'in', 'the', 'skies', 'a
re', 'also', 'on', 'the', 'faces', 'of', 'people', 'going', 'by', 'i', 'see', 'friends', 'shaking', 'hands', "saying'
", 'how', 'do', 'you', 'do', "they're", 'really', 'saying', 'i', 'love', 'you', 'i', 'hear', 'babies', 'cry', 'i', 'watc
h', 'them', 'grow', "they'll", 'learn', 'much', 'more', 'than', "i'll", 'ever', 'know', 'and', 'i', 'think', 'to', 'mys
elf', 'what', 'a', 'wonderful', 'world', 'yes', 'i', 'think', 'to', 'myself', 'what', 'a', 'wonderful', 'world']
120

['and', 'saying', 'love', 'people', "i'll", 'blessed', 'days', 'see', 'are', 'in', 'yes', 'really', 'blue', 'rainbow',
'what', 'nights', 'than', 'for', 'roses', 'friends', 'babies', 'by', 'colours', 'to', 'wonderful', 'too', 'sacred',
'so', 'you', 'ever', 'skies', "saying'", 'a', 'them', 'pretty', 'do', 'on', 'going', 'learn', 'watch', 'trees', 'mu
ch', 'dark', 'how', 'hear', 'grow', 'hands', 'world', 'bloom', 'white', "they're", 'me', 'also', 'myself', 'clou
ds', 'i', 'of', 'cry', 'bright', "they'll", 'green', 'red', 'faces', 'the', 'more', 'shaking', 'think', 'know']
68
>>>
```

图 7-11　任务五运行结果

7.5.3　必备知识

7.5.3.1　集合去重

集合除了支持数学中的集合运算外，主要用来进行成员关系测试和删除重复元素。

任务五可分解为多个步骤：

（1）将歌词文本赋值给一个变量；

（2）清理单词，去除文本中特殊符号；

（3）将文本中单词存放到列表中；

（4）将单词变成小写字符；

（5）用 set()函数对列表中单词去重；

（6）用 len()函数求单词个数。

7.5.3.2　字符串、列表、元组、字典和集合的异同点

在 Python 中，序列类型包括字符串、列表、元组、字典和集合。它们的异同点如表 7-7 所示。

表 7-7 字符串、列表、元组、字典和集合的异同点

数据类型	索引	分片	重复	连接	成员操作符	遍历
字符串	能	能	能	能	能	能
列表	能	能	能	能	能	能
元组	能	能	能	能	能	能
集合	×	×	×	×	能	能
字典	×	×	×	×	能	能

这些序列支持一些通用的操作,但是集合和字典不支持索引、切片、相加、相乘和连接操作。

7.6 小   结

本章主要知识点有:
- 集合和字典是两种数据容器。
- 字典是 Python 中唯一一个映射类型。
- 字典用键来存取数据,数字、字符串和元组都可以作为键。键所对应的值可以是任何数据类型,数字、字符串甚至列表和字典都可以作为值存放在字典中。
- 字典的操作包括:创建、遍历、查找、删除、增加、修改等。
- 字典中可以嵌套字典,也可以嵌套列表。列表中也可以嵌套字典。
- 集合是一个无序不重复元素的序列,数据没有位置和顺序,不能用索引来存取。
- 集合的操作包括:创建、遍历、添加、删除、数学运算等。

7.7 动手写代码

1. 编写程序,对用户输入的英文字符串中各字母出现的次数进行统计(不区分大写字母和小写字母),统计结果使用字典存放。例如,字符串"I have 2 ideas."的统计结果为{"i":2,"h":1,"a":2,"v":1,"e":2,"d":1,"s":1}。假设用户输入的字符串中可能包含字母之外的其他字符。

2. 已知以下同学每门课程成绩,请以姓名为键、成绩列表为值创建字典,并完成以下任务:
（1）输出每个学生对应的各科成绩;
（2）输出每个学生指定科目的成绩。

姓名	数据库	高等数学	大学英语
Lucy	92	87	90
Jack	76	80	91
Jason	89	86	93
Anna	80	83	78

3. 已知以下学生和他们本学期所选的课程,请完成以下任务:

(1) 构建本学期被选课程的集合;

(2) 遍历集合并输出所有值。

姓名	所 选 课 程
Lucy	程序设计、数据库、高等数学
Jack	离散数学、数据库
Jason	程序设计、高等数学、美食烹调
Anna	艺术鉴赏、高等数学、编程基础

4. 已知字符串变量 s＝"When in the course of human events, it becomes necessary for one people to dissolve the political bands which have connected them with another, and to assume among the powers of the earth, the separate and equal atation to which the Laws of Nature and of Nature's God entitle them, a decent respect to the opinions of mankind requires that they should declare the causes which impel them to the separation.",存放了美国独立宣言中的一段话。试编写程序,实现以下功能:

(1) 对文本中每个单词出现的次数进行统计,并将结果输出;

(2) 输出出现次数排在前五名的单词。

5. 输入两个列表 alist 和 blist,要求列表中的每个元素都为正整数且不超过10;合并 alist 和 blist,并将重复的元素去掉,输出一个新的列表 clist。

6. 有如下字典:

```
stu={'姓名':'李明', '年龄': 20, '学号':'19024'}
```

编写代码实现下列功能:

(1) 输出学生的姓名;

(2) 把学生的年龄修改成25;

(3) 把("性别":"男")键值对添加到字典中。

第 **8** 章　Python 函数

函数是一种仅在调用时运行的代码块，是程序的集合和抽象。Python 提供了许多内置函数，如 input( )、print( )等。本章涉及自己创建函数，即用户自定义函数的用法。使用函数可以提高代码的重复利用率，通过函数可以将复杂的问题分解为若干子问题。

8.1　任务一　不同半径的圆面积

8.1.1　任务目标

编写程序，计算并输出不同半径的圆面积（半径为 11、13、15、17、19，圆周率用 3.14 参与计算）。

8.1.2　操作步骤

（1）在 IDLE 中创建新文件，输入代码。任务一可以由多种方法实现。方法一如程序段 8-1 所示，方法二如程序段 8-2 所示，方法三如程序段 8-3 所示，方法四如程序段 8-4 所示，方法五如程序段 8-5 所示。

程序段　8-1

```
def jsarea1(r):
    "Calculates the area of the circle and return"
    return 3.14 * r * r
for i in range(11,20,2):
    print jsarea1(i)
```

程序段　8-2

```
def jsarea2(r):
    "Calculates the area of the circle and print"
    print 3.14 * r * r
for i in range(11,20,2):
    jsarea2(i)
```

```
def jsarea3(r):
    "Calculates the area of the circle and print"
    for i in r:
        print 3.14 * i * i
a=tuple(range(11,20,2))
jsarea3(a)
```

程序段 8-4

```
def jsarea4(r):
    "Calculates the area of the circle and print"
    for i in r:
        print 3.14 * i * i
a=list(range(11,20,2))
jsarea4(a)
```

程序段 8-5

```
def jsarea5(r):
    "Calculates the area of the circle and returns"
    ls=[]
    for i in r:
        ls.append(3.14 * i * i)
    return ls
a=tuple(range(11,20,2))
b=jsarea5(a)
print b
```

（2）运行程序，程序段 8-1～8-4 的运行结果相同，如图 8-1 所示。

```
>>> ============================= RESTART ========
>>>
379.94
530.66
706.5
907.46
1133.54
```

图 8-1 程序段 8-1～8-4 运行结果

程序段 8-5 的运行结果不同，如图 8-2 所示。

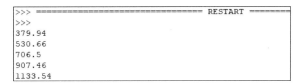

```
>>> ============================= RESTART ========
>>>
[379.94, 530.66, 706.5, 907.46, 1133.54]
```

图 8-2 程序段 8-5 运行结果

8.1.3 必备知识

8.1.3.1 函数定义

在 Python 中,使用 def 关键字定义函数。定义一个函数时,需要给函数一个名称,并指定函数中包含的参数(函数定义处的参数简称形参)和代码块结构,格式为:

```
def 函数名([形参列表]):
    函数体
```

以下几点需要注意。

(1) 函数代码块以 def 关键词开头,后接函数标识符名称和圆括号()。

(2) 任何传入参数和自变量必须放在圆括号中间。圆括号之间可以用于定义参数。

(3) 函数的第一行语句可以选择性地使用文档字符串,该字符串用于存放函数说明(不是必需的,可以省略,也可以用♯注释)。

(4) 函数内容以冒号起始,并且缩进。

(5) return[表达式]表示结束函数,选择性地返回一个值给调用方。不带表达式的 return 相当于返回 None。

任务一中,程序段 8-1～程序段 8-5 分别定义了面积计算函数,其中 jsarea1()和 jsarea5()函数是返回面积值给调用方,所以调用方在函数调用结束之后,还需要通过 print()函数将返回值进行输出。而 jsarea2()、jsarea3()和 jsarea4()函数都是不带返回值的,计算面积后直接输出,因此调用方在函数调用结束之后不需要做额外操作。

8.1.3.2 函数调用

定义函数之后,如需调用函数,则应在函数名称后跟圆括号,圆括号里可以有参数(函数调用处的参数简称实参),格式为:

```
函数名([实参列表])
```

函数调用需要执行几个步骤:

(1) 调用程序在调用处暂停执行;

(2) 在调用时将实参赋值给函数的形参;

(3) 执行函数体语句;

(4) 函数调用结束给出返回值,程序回到调用前的暂停处继续执行。

函数调用时,在默认情况下,参数值和参数名称是按函数声明中定义的顺序匹配的,即实参默认按照位置顺序传递参数,按照位置传递的参数称为位置参数。按照参数位置依次传递参数,这是最普通的方式。

以程序段 8-1 为例,分析函数的被调用过程,如图 8-3 所示。

从图 8-3 中可以看到,函数只有在被调用时才被执行,所以前面的函数定义代码不直

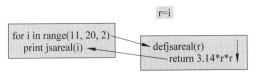

图 8-3　程序段 8-1 函数被调用过程

接执行。程序最先执行的是 i＝11，当执行到 print jsareal(i)时，由于调用了函数 jsareal()，实参 i 向形参 r 传值，类似于执行了 r＝i，然后跳转到函数定义处执行函数体语句，执行函数体语句之后，返回调用 jsareal()函数的位置，输出返回值。然后循环执行语句 print jsareal(i)，将开始另一次函数调用过程。

8.1.3.3　函数参数

信息可以作为参数传递给函数。参数在函数名后的括号内指定。可以根据需要添加任意数量的参数，只需用逗号分隔即可。

Python 函数的参数传递分为：

(1) 不可变类型。类似值传递，如整数、字符串、元组。例如的程序段 8-1 中 jsareal() (i 是整数)和程序段 8-2 中 jsarea2() (i 是整数)，传递时 i 值传给 r，如果在 jsareal()或 jsarea2()内部修改 r 的值，只是 r 值被修改，不会影响实参 i。而程序段 8-3 中 jsarea3() (a 是元组)和程序段 8-5 中 jsarea5() (a 是元组)，由于参数是元组，所以 r 值不能修改，a 值不会影响。

(2) 可变类型。类似引用传递，如列表、字典。例如程序段 8-4 中 jsarea4() (a 是列表)，则是将 a 真正传过去。如果在 jsarea4()内部修改 r 值，外部的 a 也会受影响。

Python 中一切都是对象，严格意义上不能说值传递还是引用传递，应该说是传不可变对象和传可变对象。

8.1.3.4　函数返回值

函数的返回值是通过 return 语句来退出函数，并将程序返回到函数被调用的位置，向调用方返回一个表达式，并且返回值可以在表达式中继续使用。在函数体中，可使用 return 语句从函数跳出并返回一个值，如果需要返回多个值，则返回一个元组或列表。

函数可以没有 return 语句，此时函数并不返回值。也就是说，如果函数没有返回值，则不需要 return 语句，函数可以单独作为表达式语句使用。

有返回值的函数，格式为：

```
return 语句[表达式]
```

例如，程序段 8-1 中 jsareal()和程序段 8-5 中 jsarea5()涉及有返回值的函数，其中程序段 8-1 中 jsareal()是返回一个值，程序段 8-5 中 jsarea5()返回的是不同半径圆的面积列表。而程序段 8-2 中 jsarea2()，程序段 8-3 中 jsarea3()和程序段 8-4 中 jsarea4()涉及无返回值函数。

8.1.3.5　函数对变量的作用

一个程序中的变量包括两类：全局变量和局部变量。全局变量指在函数之外定义的变量，一般没有缩进，在程序执行全过程有效。局部变量指在函数内部使用的变量，仅在函数内部有效，当函数退出时变量将不存在。

函数对变量的作用遵守如下原则：

（1）简单数据类型变量无论是否与全局变量重名，仅在函数内部创建和使用，函数退出后变量被释放；

（2）简单数据类型变量在用 global 保留字声明后，作为全局变量；

（3）对于组合数据类型的全局变量，如果在函数内部没有被真实创建的同名变量，则函数内部可直接使用并修改全局变量的值；

（4）如果函数内部真实创建了组合数据类型变量，无论是否有同名全局变量，函数仅对局部变量进行操作。

任务一的各个程序段中，涉及的变量都是局部变量，即当函数执行完退出后，其内部变量将被释放。

8.2　任务二　多个圆的应用

8.2.1　任务目标

编写程序，计算并输出不同半径的圆的面积和、面积最大值和面积最小值（半径为11、13、15、17、19，圆周率用 3.14 参与计算）。

8.2.2　操作步骤

（1）在 IDLE 中创建新文件，输入代码。任务二可以由多种方法实现，方法一如程序段 8-6 所示，方法二如程序段 8-7 所示，方法三如程序段 8-8 所示，方法四如程序段 8-9 所示，方法五如程序段 8-10 所示。

程序段　8-6

```
def jsarea6(r=11):
    return 3.14 * r * r
z=jsarea6()
s=x=y=z
for i in range(13,20,2):
    z=jsarea6(i)
    s=s+z
    if z>x:
```

```
        x=z
    if z<y:
        y=z
print s,x,y
```

程序段 8-7

```
def jsarea1(r):
    return 3.14 * r * r
def jsarea7(b):
    z=jsarea1(b[0])
    s=x=y=z
    for i in range(1,len(b)):
        z=jsarea1(b[i])
        s=s+z
        if z>x:
            x=z
        if z<y:
            y=z
    return s,x,y
a=list(range(11,20,2))
t1,t2,t3=jsarea7(a)
print t1,t2,t3
```

程序段 8-8

```
def jsarea8(*r):
    z=3.14 * r[0] * r[0]
    s=x=y=z
    for i in range(1,len(r)):
        z=3.14 * r[i] * r[i]
        s=s+z
        if x<z:
            x=z
        if y>z:
            y=z
    return s,x,y
a=list(range(11,20,2))
t1,t2,t3=jsarea8(*a)
print t1,t2,t3
```

```
def jsarea9(*r):
    z=3.14 * r[0] * r[0]
    s=x=y=z
    for i in range(1,len(r)):
        z=3.14 * r[i] * r[i]
        s=s+z
        if x<z:
            x=z
        if y>z:
            y=z
    print s,x,y
a=list(range(11,20,2))
jsarea9(*a)
```

程序段 8-10

```
jsarea10=lambda x : 3.14*x*x
a=list(range(11,20,2))
t=map(jsarea10,a)
print sum(t),max(t),min(t)
```

（2）运行程序，程序段 8-6～8-10 的运行结果相同，如图 8-4 所示。

```
>>> ============================= RESTART ====================
>>>
3658.1 1133.54 379.94
```

图 8-4　程序段 8-6～8-10 运行结果

8.2.3　必备知识

8.2.3.1　带默认值的参数

在 Python 中定义函数时，可以给某个参数赋一个默认值，具有默认值的参数就称为缺省参数。调用函数时，如果没有传入缺省参数的值，则在函数内部使用参数默认值。将常见的值设置为参数的默认值，从而简化函数的调用。如果一个参数的值不能确定，则不应该设置默认值，具体的数值在调用函数时，由外界传递。

注意：缺省参数的定义位置是右缺省的，即必须保证带有默认值的缺省参数在参数列表末尾。调用函数时，如果有多个缺省参数，可以不按右缺省规则调用，此时需要指定参数名，这样解释器才能够知道参数的对应关系。

程序段 8-6 中 jsarea6() 函数就指定了参数的默认值，即（r=11），当 z＝jsarea6() 调用函数时，虽然没有传入对应的实参值，但是形参 r 默认用 11。

8.2.3.2　函数嵌套调用

所谓函数嵌套调用,就是在函数调用中再调用其他函数。也就是说,函数嵌套允许在一个函数中调用另外一个函数。以程序段 8-7 为例,分析嵌套函数的被调用过程,如图 8-5 所示。

如图 8-5 所示,程序段 8-7 中的函数 jsarea7()中调用 jsareal(),这就是嵌套调用,具体过程是先把 jsareal()中的任务都执行完毕之后,才会回到函数 jsarea7()中调用 jsareal()的位置。

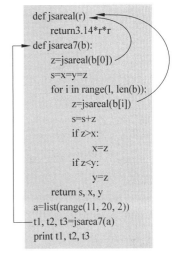

8.2.3.3　函数返回多个值

在 Python 中,在函数体中使用 return 语句,可以从函数跳出并返回一个值。如果需要返回多个值也可以,但其实这是一种假象,函数返回的实质仍然是单一值,只不过是返回一个元组。在语法上,返回一个元组可以省略括号,而多个变量可以同时接收一个元组,按位置赋给对应的值,所以,Python 的函数返回多值其实就是返回一个元组,但返回多值的形式写起来更方便。例如,程序

图 8-5　程序段 8-7 函数嵌套调用过程

段 8-7 中函数 jsarea7()与程序段 8-8 中的函数 jsarea8()都是返回多个值(即 return s,x,y),实际上是返回一个元组,按位置顺序分别给 t1、t2 和 t3 赋值(即 t1,t2,t3＝jsarea7(a) 或 t1,t2,t3＝jsarea8(a))。

8.2.3.4　可变参数

在 Python 中,当函数需要处理的参数个数不确定时,允许使用可变参数(也称多值参数)。在定义函数的时候,通过带星号的形参表示接收不定长,即可变数量,Python 中有两种多值参数:

(1) 接收元组,参数名前加一个 ∗;

(2) 接收字典,参数名前加两个 ∗。

例如,∗ params 允许向函数传递可变数量的参数。调用函数时,从该参数之后所有的参数都被收集为一个元组,如图 8-6 所示。

图 8-6 中定义了一个 func_params()函数,其形参 params 前面带一个星号(∗),这个星号的意思就是用 params 参数收集传入的是不定个数的参数,并将收集到的参数以元组的方式存储在 params 中,如果没有传入参数,params 就是个空元组(参图 8-6 的第三个函数调用的语句,即 func_params())。函数调用语句 func_params(1)、func_params (1,2,3)与 func_params()都调用同一个 func_params()函数,区别在于参数个数不同,即该函数的参数是可变的。如果实参是列表或元组,必须带星号,图 8-6 中 t 是元组,则 t 作函数参数,调用时必须写成 func_params(∗ t),这里实参 t 带星号,表示拆包(即将元组 t 拆成 1,2,3,4,5 再作实参进行传递)。

```
>>> ============================= RESTART =================
>>> def func_params(*params):
        print params

>>> func_params(1)
(1,)
>>> func_params(1, 2, 3)
(1, 2, 3)
>>> func_params()
()
>>> t=(1,2,3,4,5)
>>> func_params(*t)
(1, 2, 3, 4, 5)
```

图 8-6　带可变参数的函数的定义与调用

程序段 8-8 中 jsarea8()函数和程序段 8-9 中的 jsarea9()函数,形参 r 前面带星号,表示 r 是可变数量的参数。如果实参是列表或元组,必须带星号,这里实参带星号表示拆包(即将元组或列表拆成 11,13,15,17,19 作实参传递)。所有函数调用语句,s＝jsarea8(＊a)等价于 s＝jsarea8(11,13,15,17,19),jsarea9(＊a)等价于 jsarea9(11,13,15,17,19)中,实际上实参都被收集为一个元组 r,在函数体中通过索引访问。这种拆包语法简化了元组或列表的传递。

需要注意的是,可变参数后面不能再有形式参数。原因很简单,因为可变参数接收的全部参数,其后如果有形式参数,该形式参数将永远接收不到实参。

关于接收字典做参数,在本章的任务四里详细介绍。

8.2.3.5　匿名函数

在 Python 中,lambda 表达式是一种简便的,在同一行定义函数的方法。lambda 表达式实际上是生成一个函数对象,即匿名函数,它广泛用于需要函数对象作为参数或函数比较简单并且只使用一次的场合。

lambda 表达式的定义格式为:

lambda　参数 1,参数 2,… : ＜函数语句＞

可见,lambda 表达式可接受任意数量的参数,但只能有一个表达式。例如,程序段 8-10 的 jsarea10()就是一个匿名函数,jsarea10 ＝ lambda x : 3.14 ＊ x ＊ x 这个匿名函数功能是 x 作半径的圆面积。调用形式是 t＝map(jsarea10,a),通过内置函数 map()映射得到一个 t 面积列表,再调用列表的内置函数 sum()、max()、min()分别计算和、最大值和最小值。

8.3　任务三　同心圆绘制

8.3.1　任务目标

编写程序,绘制 m 个不同半径的同心圆(半径为 1,3,6,10,15,21,28,36,45,55…),

m 从键盘输入。

提示：数学定义上的同心圆指同一平面上同一圆心而半径不同的圆，简单来说就是圆心相同半径不同的圆。如果几个圆的圆心是同一点，那么这几个圆就称为同心圆。

8.3.2　操作步骤

（1）在 IDLE 中创建新文件，输入代码，如程序段 8-11、8-12 所示。

程序段　8-11

```
import turtle
def fun(n):
  if n==1:
    return 1
  else:
    return n+fun(n-1)
m=input()
turtle.pensize(2)
for i in range(1,m+1):
  r=fun(i)
  print r,
  turtle.penup()
  turtle.goto(0,-r)
  turtle.pendown()
  turtle.circle(r)
turtle.done()
```

程序段　8-12

```
import turtle
def fun(n):
  s=0
  for i in range(1,n+1):
    s=s+i
  return s
m=input()
turtle.pensize(2)
for i in range(1,m+1):
  r=fun(i)
  print r,
  turtle.penup()
  turtle.goto(0,-r)
  turtle.pendown()
```

```
    turtle.circle(r)
turtle.done()
```

（2）运行程序，程序段 8-11、8-12 的运行结果相同，如图 8-7 所示。

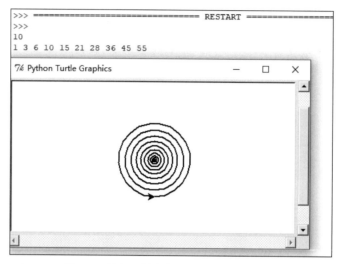

图 8-7　任务三程序段 8-11、8-12 运行结果

8.3.3　必备知识

8.3.3.1　递归调用

Python 接受函数递归，这意味着 Python 中定义的函数能够调用自身。如果一个函数调用了自身，就称为递归。注意递归调用与嵌套调用的区别，嵌套调用是调用另一个函数。

递归是一种常见的数学和编程概念。递归在数学和计算机应用上非常强大，能够非常简洁地解决重要问题。它意味着函数调用自身。这样做的好处是可以循环访问数据以达成结果。

每个递归函数必须包括以下两个主要部分。

（1）终止条件：表示递归的结束条件，用于返回函数值，不再递归调用。

（2）递归步骤：递归步骤把第 n 步的函数与第 $n-1$ 步的函数关联。

递归函数的调用在语法上与普通函数的调用形式一样，但是具体调用流程不同。

开发人员应该仔细留心递归，因为它可以很容易地编写一个永不终止的，或者使用过量内存或处理器能力的函数。但是，在被正确编写后，递归可能是一种非常有效且在数学上优雅的编程方法。

例如，程序段 8-11 中，fun()就是递归函数，而程序段 8-12 中，fun()是普通函数，通过循环求和并返回。

在 fun()函数中,递归的结束条件为 n==1。对于 fun()函数,其递归步骤为 n+fun(n-1),即把求 n 的和转化为求 n-1 的和。

fun(5)递归的调用过程如图 8-8 所示。

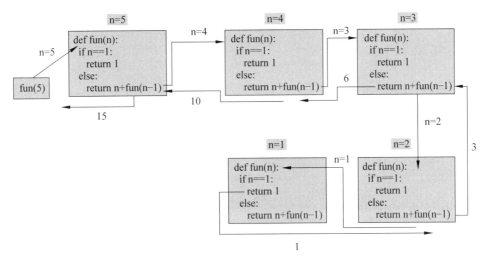

图 8-8 程序段 8-11 函数递归调用过程

8.3.3.2 海龟绘图

turtle 库是 Python 语言中一个很流行的绘制图像的函数库。在一个横轴为 x、纵轴为 y 的坐标系原点(0,0)位置开始,根据一组函数指令的控制,画笔在这个平面坐标系中移动,从而绘制图形。

turtle 库是一个外部库,需要 import 关键字引入,import turtle 的含义是引入一个名字叫 turtle 的函数库。

任务三是用 turtle 函数画一组圆,并且是空心的同心圆,画笔的坐标默认在(0,0)。以(0,0)为圆心,turtle.circle 是从其下方开始画圆的,每一次画圆都要将画笔移动到下一个圆的底部位置。

绘制同心圆的步骤如下。

(1) 抬起画笔:turtle.penup()。

(2) 移动到相应坐标:turtle.goto(坐标)。

(3) 放下画笔:turtle.pendown()。

(4) 画圆:turtle.circle(半径)。

(5) turtle.done()表示绘制结束,用来停止画笔绘制,但绘图窗体不关闭。

绘图时还可以设置画笔的属性。

(1) turtle.pensize(粗细):设置画笔的粗细。

(2) turtle.pencolor():没有参数传入,返回当前画笔颜色,传入参数设置画笔颜色,可以是字符串如"green"、"red",也可以是 RGB 三元组。

(3) turtle.speed(speed):设置画笔移动速度,画笔绘制的速度范围是[0,10]内整数,数字越大表示移动越快,1最慢,10最快。

8.4　任务四　快递物流公司电话簿

8.4.1　任务目标

编写程序,将第7章任务一相关功能的代码用多个函数改写,并通过多个函数调用来测试。

8.4.2　操作步骤

(1) 在 IDLE 中创建新文件,输入代码,如程序段 8-13 所示。

程序段　8-13

```
#coding=GBK
def prompt():
    print "----------------------------------------------"
    print "1----字典的创建和输出"
    print "2----字典元素的查询"
    print "3----字典的增加"
    print "4----字典的修改"
    print "5----字典的删除"
    print "6----遍历字典的条目"
    print "7----退出程序"
    n=input("请输入您的选择: ")
    return n
def create(**kwargs):
    file={}
    for key, value in kwargs.items():
        file[key]=value
    return file

def find(name,express):
    if name in express:
            print express[name]
    else:
            print "no find"
def add(express,s,t):
    express[s]=t
def modi(express,s,t):
```

```
        express[s]=t
def dele(express,name):
    if name in express:
            express.pop(name)
    else:
            print "no find"
def out(express):
    for k,v in express.items():
            print "%-15s\t%s"%(k,v)


while True:
    n=prompt()
    if n==1:
        r={"SF":"95338","STO":"95543","YUNDA":"95546","YTO":"95554","ZTO":
            "95311","EMS":"11183","ZJS":"400-6789-000","BEST":"95320",
            "TTK":"4001-888-888","FlashEx":"400-612-6688","JDL":"950616"}
        exp=create(**r)
        print exp
    elif n==2:
        name=raw_input("请输入要查询的快递公司名称：")
        find(name,exp)

    elif n==3:
        name=raw_input("请输入要添加的快递公司名称：")#"QFKD","400-698-0398"
        tel=raw_input("请输入要添加的快递公司联系电话：")
        add(exp,name,tel)
        #add(express=exp,s=name,t=tel)
        #add(s=name,t=tel,express=exp)
        print exp

    elif n==4:
        name=raw_input("请输入要修改的快递公司名称：")#"QFKD","The phone you are
calling is power off."
        tel=raw_input("请输入要修改的快递公司联系电话：")
        modi(exp,name,tel)
        print exp

    elif n==5:
        name=raw_input("请输入要删除的快递公司名称：")
        dele(exp,name)

    elif n==6:
        print "遍历字典的条目"
        out(exp)
```

```
    elif n==7:
        break
    else:
        print "输入错误!"


print "---------------------程序运行结束---------------------"
```

（2）运行程序，结果与任务一的图 7-1 运行结果类似。

8.4.3　必备知识

8.4.3.1　可变参数

本章任务二的必备知识里介绍，Python 参数收集的机制使用星号（＊）实现，这里即在指定的参数 params 前面加上一个星号，星号的意思就是用 params 参数收集传入是不定个数的参数。函数定义时形参带一个星号，表示存放元组参数。而任务四的函数定义时形参带两个星号（＊＊），表示键值对参数，可以接收字典。调用函数时，从该参数之后所有的参数都被收集为一个字典，如图 8-9 所示。

```
>>> =========================== RESTART =======
>>> def func_keys(**keys):
        print keys


>>> func_keys()
{}
>>> func_keys(p1=1)
{'p1': 1}
>>> func_keys(p1=1, p2=2,p3='3')
{'p2': 2, 'p3': '3', 'p1': 1}
>>> t={'p2': 2, 'p3': '3', 'p1': 1}
>>> func_keys(**t)
{'p2': 2, 'p3': '3', 'p1': 1}
```

图 8-9　带可变参数的函数的定义与调用

图 8-9 中，定义了一个 func_keys()函数，其形参 keys 前面加上"＊＊"，表明参数 keys 将接收关键字参数，并将关键字和值分别作为键值对存储在字典中。如果没有传入参数，keys 就是个空字典，参见图 8-9 中第一个函数调用的语句，即 func_keys()。函数调用语句 func_keys()、func_keys(p1＝1) 与 func_keys(p1＝1,p2＝2,p3='3')都调用同一个 func_keys()函数，区别在于参数个数不同，即该函数的参数是可变的。如果实参是字典，必须带两个星号，图 8-9 中 t 是字典，则 t 作函数参数，调用时必须写成 func_keys(＊＊t)，这里实参 t 带＊＊，表示拆包（即将字典 t 拆成多个键值对作实参传递）。

程序段 8-13 中的 create()函数，其形参＊＊kwargs 表示键值对参数，可以接收字典，函数体中通过键值访问。函数调用语句 express＝create(＊＊r)，实参字典 r 带两个星号，表示拆包，该语句等价于将字典 r 拆成多个键值对，即 express＝create(SF＝"95338"，STO＝"95543"，YUNDA＝"95546"，YTO＝"95554"，ZTO＝"95311"，EMS＝"11183"，

ZJS="400-6789-000",BEST="95320",TTK="4001-888-888",FlashEx="400-612-6688",JDL="950616"),这种拆包语法同样简化了字典变量的传递。

8.4.3.2 位置参数与关键字参数

在 Python 中,函数调用时,实参默认按照位置顺序传递参数,按照位置传递的参数称为位置参数。

在 Python 中,函数调用时还可以通过名称(关键字)指定传入的参数,按照名称指定传入的参数称为名称参数,也称为关键字参数。由于调用函数时指定了参数名称,所以参数之间的顺序可以任意调整,即参数的顺序无关紧要。例如,程序段 8-13 中,add(exp,name,tel)按默认的位置顺序传递参数,而 add(s=name,t=tel,express=exp)则通过名称指定传入参数,顺序可以任意调整。

使用关键字参数具有两个优点:
(1) 参数按名称意义明确;
(2) 传递的参数与顺序无关。

8.5 小 结

本章主要知识点有:

- 函数定义与函数调用;
- 函数的位置参数、关键字参数、带默认值参数和可变参数;
- 函数有、无返回值及返回多个值;
- 嵌套调用与递归调用。

8.6 动手写代码

1. 第 2 章任务三题目描述为:Tom 本学期的必修课程包括 4 门课程:高等数学、大学英语、计算机技术和思想道德修养。编写程序,从键盘输入 Tom 的 4 门课程考试成绩,成绩为百分制整数;输出 4 门课程的平均分、最高分和最低分,其中平均分保留两位小数。

经过本章学习后,要求编写程序,将四门课考试成绩计算的有关代码定义为带可变参数(用于传递多门成绩)的函数,该函数能返回多个值(即计算出来的平均分、最高分和最低分),然后通过函数调用来测试。

2. 编写程序,将第 2 章任务四中邮政编码解析的有关代码段定义为带一个参数(用于传递一个整数)的函数,该函数能返回多个值(即计算出来的前两位、前三位、前四位和最后两位数字),然后通过函数调用来测试。

3. 编写程序,将第 2 章任务五中椭圆的面积和周长的有关代码段定义为带两个参数(用于传递椭圆的半长轴和半短轴)的函数,该函数能返回多个值(即计算出来的椭圆的面积和周长），然后通过函数调用来测试。

4. 编写程序，将第 3 章任务四中出租车费用计算的有关代码段定义为带两个参数（用于传递车型和距离）的函数，该函数返回一个值（即计算出来的车费），然后通过函数调用来测试。

5. 编写程序，将第 4 章任务五中素数判断的有关代码段定义为带一个参数（用于传递要判断的数）的函数，该函数返回一个值（即是否素数，1 表示素数，0 表示非素数），然后再将两数之间的素数输出的有关代码段定义为带两个参数（用于传递两数起始范围）的函数，该函数无返回值，该函数体中要求嵌套调用素数判断函数，最后通过函数调用测试功能。

6. 编写程序，将第 5 章任务四中统计元音字母个数的有关代码段定义为带一个参数（用于传递要统计的字符串）的函数，该函数返回一个值（即计算出来的元音字母的个数），然后通过函数调用来测试。

7. 编写程序，将第 5 章任务六中该整数转换为字符串，然后将其翻转数以及判断是否回文的有关代码段定义为带一个参数（用于传递整数转换的字符串）的函数，该函数返回两个值（第一个是其翻转数，第二个是是否回文的标识，1 表示是回文，0 表示不是回文），然后通过函数调用来测试。

8. 编写程序，将第 6 章任务五中统计列表中各个数字出现次数的有关代码段定义为带一个参数（用于传递要统计的列表）的函数，该函数返回一个值（即各个数字出现次数的列表），然后通过函数调用来测试。

9. 编写程序，将第 7 章任务二中词频统计的有关代码段定义为三个函数，其中：

（1）第一个函数带一个参数（用于传递要统计的字符串）的函数，该函数返回一个值（即由单词和它们出现的次数构成的键值对，即字典）。

（2）第二个函数带一个参数（用于传递要转换的字典）的函数，该函数返回一个值（即转换后的降序排序的列表，由单词和它们出现的次数构成）。

（3）第三个函数带两个参数（用于传递列表和排名前 n 的 n 值），该函数无返回值，输出前十名的单词和次数。

然后通过上述函数调用来测试。

10. 第 7 章练习 2 题目描述：已知以下同学的每门课程的成绩，请以姓名为键、成绩列表为值创建字典，并完成以下任务：

（1）输出每个学生对应的各科成绩。

（2）输出每个学生指定科目的成绩。

姓名	数据库	高等数学	大学英语
Lucy	92	87	90
Jack	76	80	91
Jason	89	86	93
Anna	80	83	78

编写程序,将输出每个学生对用各科成绩的有关代码段定义为带一个参数(用于传递学生信息)的函数,该函数无返回值,要求将输出每个学生指定科目的成绩的有关代码段定义为带两个参数(用于传递学生信息和指定科目名称)的函数,该函数无返回值,然后通过函数调用来测试。

11. 求正整数 n 的各位数之和,并测试该函数。

例如:输入 123,输出 6。

编写程序,将用三种方法实现,注意参数不同类型。

(1) 方法一:整数作函数参数,在函数里将整数转为字符串,遍历字符串取单个字符转换为数值进行求和,该函数有一个返回值(即计算的和)。

(2) 方法二:整数转为字符串,用列表生成器生成 n 对应的各位数字对应的列表(提示:ls=[eval(i) for i in s]#用列表生成式从字符串 s 得到数值列表 ls),列表作为函数参数,对列表求和,该函数有一个返回值(即计算的和)。

(3) 方法三:整数转字符串,字符串作函数参数,使用内置函数 map(),将 s 中的每个字符映射为数值(提示:ls=map(eval,s)#用 map()函数从字符串 s 得到数值列表 ls),对列表求和,该函数有一个返回值(即计算的和)。

12. 统计英文句子"Life is short,we need Python."中各英文字母(不区分大小写)出现的次数,找到出现次数最多的字母,并测试该函数。

编写程序,用两种方法实现,注意参数的不同类型。

(1) 方法一:形参要求是字典。

(2) 方法二:形参要求是可变参数。

第 9 章 Python 文件

文件是一个存储在辅助存储器上的数据序列,可以包含任何数据内容。概念上,文件是数据的集合和抽象。用文件形式组织和表达数据更有效也更为灵活。本章侧重文本文件读写操作介绍。

9.1 任务一 评分计算

9.1.1 任务目标

编写程序,要求将第 6 章任务三中评委的评分保存到文本文件中(文本文件名是 pf.txt,文件内容如图 9-1 所示),从文件读入数据,去掉一个最高分和一个最低分,计算其余成绩的平均,并以 2 位小数形式输出。

9.1.2 操作步骤

(1) 在 IDLE 中创建新文件,输入代码。任务一可以由多种方法实现。方法一如程序段 9-1 所示,方法二如程序段 9-2 所示,方法三如程序段 9-3 所示,方法四如程序段 9-4 所示。

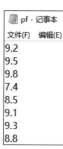

图 9-1 pf.txt 文件内容示意

程序段 9-1

```
fo=open("pf.txt","rt")
ls=[]
for line in fo:
    ls.append(eval(line))
fo.close()
ls.sort()
n=len(ls)
a=ls[1:n-1]
n=len(a)
s=sum(a)
ave=1.0*s/n
print "%.2f" %ave
```

程序段　9-2

```
fo=open("pf.txt","rt")
ls=[]
sc=fo.readline()
while len(sc)>0:
    ls.append(eval(sc))
    sc=fo.readline()
fo.close()
ls.sort()
n=len(ls)
a=ls[1:n-1]
n=len(a)
s=sum(a)
ave=1.0*s/n
print "%.2f" %ave
```

程序段　9-3

```
fo=open("pf.txt","rt")
lst=fo.readlines()
fo.close()
ls=map(eval,lst)
ls.sort()
n=len(ls)
a=ls[1:n-1]
n=len(a)
s=sum(a)
ave=1.0*s/n
print "%.2f" %ave
```

程序段　9-4

```
fo=open("pf.txt","rt")
sc=fo.read()
fo.close()
lst=sc.splitlines()
ls=map(eval,lst)
ls.sort()
n=len(ls)
a=ls[1:n-1]
n=len(a)
s=sum(a)
```

```
ave=1.0*s/n
print "%.2f" %ave
```

（2）运行程序，程序段 9-1～9-4 的运行结果相同，参见图 6-6。

9.1.3　必备知识

9.1.3.1　文件类型

文件包括两种类型：文本文件和二进制文件。二进制文件和文本文件最主要的区别在于是否有统一的字符编码。无论文件是被创建为文本文件还是二进制文件，都可以用文本文件方式和二进制文件方式打开，打开后的操作不同。

Python 对文本文件和二进制文件采用统一的操作步骤，即"打开→操作→关闭"。

9.1.3.2　文件打开

Python 通过内置的 open()函数打开一个文件，并实现该文件与一个程序变量的关联，open()函数格式为：

<变量名>=open(<文件名>,<打开模式>)

open()函数有两个参数：文件名和打开模式。文件名可以是文件的实际名字，也可以是包含完整路径的名字。下面列出四种不同的打开文件的方法（模式）。

（1）"r"-读取：默认的打开文件方法。打开文件用于读取，如果文件已存在则打开文件，文件指针将会放在文件开头，如果文件不存在则报错。

（2）"a"-追加：打开供追加的文件，如果不存在则创建该文件。

（3）"w"-写入：打开文件用于写入，如果该文件已存在则打开文件，并从开头开始编辑，即原有内容会被删除。如果文件不存在则创建该文件。

（4）"x"-创建：创建指定的文件，如果文件存在则返回错误。

此外，可以指定文件应该作为二进制还是文本模式进行处理。

（1）"t"：默认模式，即文本模式。

（2）"b"：二进制模式（例如图像）。

例如，fo=open("a.txt")、fo=open("a.txt","r")、fo=open("a.txt","rt")这三个语句是等价的，因为 "r"（读取）和 "t"（文本）是默认值，所以不需要指定它们。

注意：请确保文件存在，否则将收到错误消息。

9.1.3.3　文件关闭

Python 通过文件对象的 close()方法刷新缓冲区里任何还未写入的信息，并关闭该文件，这之后便不能再进行写入，例如，fo.close()是关闭文件。

用 close()方法关闭文件是一个很好的习惯。

注意：在某些情况下，由于缓冲，应该始终关闭文件，在关闭文件之前，对文件所做的更改可能不会显示。

9.1.3.4　文件读

如果程序需要逐行处理文本文件内容，有以下 4 种方法。

（1）最简单的读文件方法是用文件对象作循环的迭代器，具体格式为：

```
fo=open(fname, "rt")
for line in fo:
    #line 里放着文件里的一行数据
fo.close()
```

语句 for line in fo 表示遍历文件的所有行，line 是从文件中每行读入的内容。程序段 9-1 采用的就是该方法。

（2）可以通过文件对象的 readline()方法来读文件。具体格式为：

```
字符串变量=文件对象.readline()
```

文件对象的 readline()方法读出文件中当前行，并以字符串的形式返回。如果要逐行处理文本文件内容，循环次数不确定，则需要通过 while 循环，程序段 9-2 采用的就是该方法。

（3）可以通过文件对象的 readlines()方法来读文件。具体格式为：

```
字符串列表=文件对象.readlines()
```

文件对象的 readlines()方法读出文件中所有内容，并以列表的形式返回，该列表是每个元素都带\n 的字符串列表，再通过 map()内置函数转换为数值列表。程序段 9-3 采用的就是该方法。

（4）可以通过用文件对象的 read()方法来读文件。具体格式为：

```
字符串变量=文件对象.read()
```

文件对象的 read()方法读出文件所有内容并以一个字符串的形式返回，但是该字符串带多个\n。使用字符串的 splitlines()方法可以去掉多个\n，切分得到一个字符串列表，再通过 map()内置函数转换为数值列表。程序段 9-4 采用的就是该方法。

字符串的 splitlines()方法，具体格式为：

```
str.splitlines([keepends])
```

字符串的 splitlines()方法按照行('\r','\r\n','\n')分隔，返回一个包含各行作为元素的列表，如果参数 keepends 为 False，则不包含换行符；如果为 True，则保留换行符。参数 keepends 默认为 False，不包含换行符。

注意：这里不要使用字符串 split()方法，因为最后一行将为空，会产生文件多读一行的问题。

9.2 任务二　英文词频统计

9.2.1 任务目标

重新编写第 7 章任务二中“英文词频统计”程序，要求将保存在文件(文件名是 zen.txt，文件内容如图 9-2 所示)的“The Zen of Python”的内容从该文件读入字符串，进行词频统计，并且将前 10 名的单词和次数保存到文本文件中(文件名是 zen_cp.txt 文件，文件内容如图 9-3 所示)。

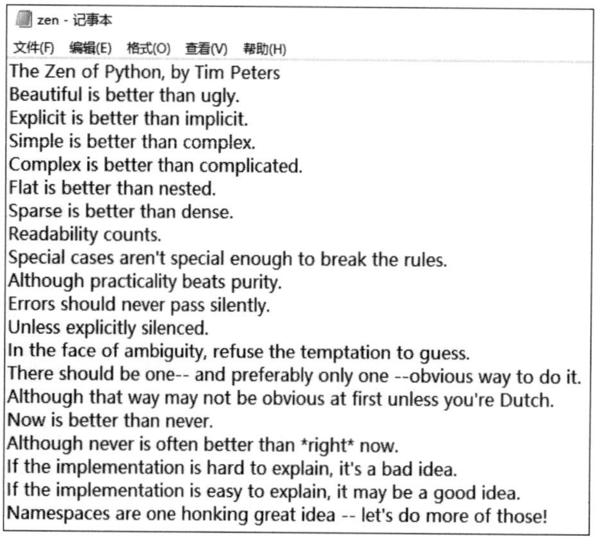
zen - 记事本
文件(F) 编辑(E) 格式(O) 查看(V) 帮助(H)
The Zen of Python, by Tim Peters
Beautiful is better than ugly.
Explicit is better than implicit.
Simple is better than complex.
Complex is better than complicated.
Flat is better than nested.
Sparse is better than dense.
Readability counts.
Special cases aren't special enough to break the rules.
Although practicality beats purity.
Errors should never pass silently.
Unless explicitly silenced.
In the face of ambiguity, refuse the temptation to guess.
There should be one-- and preferably only one --obvious way to do it.
Although that way may not be obvious at first unless you're Dutch.
Now is better than never.
Although never is often better than *right* now.
If the implementation is hard to explain, it's a bad idea.
If the implementation is easy to explain, it may be a good idea.
Namespaces are one honking great idea -- let's do more of those!

图 9-2　zen.txt 文件内容示意

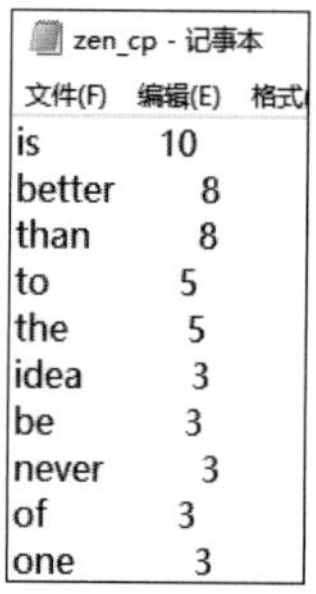
zen_cp - 记事本
文件(F) 编辑(E) 格式
is 10
better 8
than 8
to 5
the 5
idea 3
be 3
never 3
of 3
one 3

图 9-3　zen_cp.txt 文件内容示意

9.2.2 操作步骤

(1) 在 IDLE 中创建新文件，输入代码。任务二写文件可以由多种方法实现，方法一如程序段 9-5 所示，方法二如程序段 9-6 所示。

程序段　9-5

```
file=open("zen.txt","r")
txt=file.read()
file.close()
for ch in '!"#$%&()*+,-./:;<=>?@[\\]^_{|}~ ':
```

```
    txt=txt.replace(ch, " ")
txt=txt.split()
wordscount={}
for word in txt:
    wordscount[word]=wordscount.get(word,0)+1
lst=list(wordscount.items())
lst.sort(key=lambda x:x[1], reverse=True)
fileFreq=open("zen_cp.txt",'w')
for i in range(10):
    word, count=lst[i]
    print "%-10s\t%d"%(word,count)
    fileFreq.write("{0:<10}{1:>5}\n".format(word, count))
fileFreq.close()
```

程序段 9-6

```
file=open("zen.txt","r")
txt=file.read()
file.close()
for ch in '!"#$%&()*+,-./:;<=>?@[\\]^_{|}~ ':
    txt=txt.replace(ch, " ")
txt=txt.split()
wordscount={}
for word in txt:
    wordscount[word]=wordscount.get(word,0)+1
lst=list(wordscount.items())
lst.sort(key=lambda x:x[1], reverse=True)
ls=[]
for i in range(10):
    word, count=lst[i]
    print "%-10s\t%d"%(word,count)
    a="{0:<10}{1:>5}\n".format(word, count)
    ls.append(a)
fileFreq=open("zen_cp.txt",'w')
fileFreq.writelines(ls)
fileFreq.close()
```

(2) 运行程序,结果与第 7 章任务二的图 7-6 运行结果类似。

9.2.3 必备知识

9.2.3.1 指定要返回的字符数

程序段 9-5 和程序段 9-6 都使用 read()方法读取文件的内容,默认情况下,read()方法返回整个文本。

read()方法也可以指定要返回的字符数,例如,print(fo.read(4))表示返回文件中的前 4 个字符。

9.2.3.2　文件写

如需写入已有的文件,则必须向 open() 函数添加参数。

(1) "a" -追加:会追加到文件的末尾。

(2) "w" -写入:会覆盖任何已有的内容。

写文件有两种方法:

(1) 用文件对象的 write()方法写一行,具体格式为:

文件对象.write(写入字符串)

文件对象的 write()方法可将指定的字符串写入文件当前插入点位置,例如:

```
fo=open("a.txt", "a")          #追加打开该文件
fo.write("Now the file has more content!")
fo.close()
```

或者

```
fo=open("a.txt", "w")          #写入打开该文件
fo.write("Now the file has more content!")
fo.close()
```

注意:"w" 打开方式会覆盖原来文件全部内容。程序段 9-5 采用的就是该方法,将词频统计结果写入文件。

(2) 用文件对象的 writelines()方法写多行,具体格式为:

文件对象.writelines(字符串序列)

文件对象的 writelines()方法以序列的形式接受多个字符串作为参数,一次性写入多个字符串。

程序段 9-6 采用的就是该方法,将词频统计结果写入文件。

9.2.3.3　字符串的 format()方法

从 Python 2.6 开始,新增了一种格式化字符串的方法 str.format(),它增强了字符串格式化的功能。基本语法是通过{}和:来代替以前的%。

format()方法可以接受不限个数的参数,位置可以不按顺序。

例如:

```
>>>"{} {}".format("hello", "world")          #不设置指定位置,按默认顺序
'hello world'
```

```
>>>"{0} {1}".format("hello", "world")          #设置指定位置
'hello world'
>>>"{1} {0} {1}".format("hello", "world")      #设置指定位置
'world hello world'
```

程序段 9-5 和程序段 9-6 中"{0:<10}{1:>5}\n".format(word,count),语法解释为:"0:"和"1:"表示设置指定位置,"<10"表示左对齐(宽度为 10),">5"表示右对齐(宽度为 5),"\n"表示换行。

9.3 小　　结

本章主要知识点有:

- 文件类型——文本文件与二进制文件。
- 文件操作步骤——文件打开(文件打开方式)、读/写、关闭。
- 文本文件的 4 种读操作——文件对象作循环迭代器、文件对象的 read()方法、readline()方法与 readlines()方法。
- 文本文件的两种写操作——文件对象的 write()方法和 writelines()方法。

9.4 动手写代码

1. 学生成绩数据集保存在文件 stu_score.txt 中,如图 9-4 所示。

stu_score - 记事本

文件(F)　编辑(E)　格式(O)　查看(V)　帮助(H)

math	english	chinese	history	physics
76	59	100	78	71
75	94	83	63	65
83	76	92	73	82
64	81	100	70	78
63	76	98	64	53
71	81	87	65	48
77	77	79	79	84
67	60	87	60	45
74	91	94	60	95

图 9-4　stu_score.txt 文件内容示意

编写程序,用读文本文件的 4 种方法分别实现读学生成绩数据集,然后完成以下功能。

(1) 计算并输出第一个学生的 5 门课平均成绩、最大值和最小值。

(2) 计算并输出 math 这门课所有学生的平均值、中位数、最大值、最小值、标准差。

提示: 本题保存多个学生的 5 门课成绩,可能涉及嵌套列表用法。

思考：读文件时如何跳过第一行标题后再读取真正的成绩数据？

2.《哈姆雷特》是莎士比亚的一部经典悲剧作品。已知该作品保存在 hamlet.txt 文件，如图 9-5 所示。

编写程序，用读文本文件的方法读取《哈姆雷特》作品，然后统计文件 hamlet.txt 中出现频率最高的前 10 个单词，并将结果输出到屏幕，同时保存结果到文本文件 hamlet_cp.txt，如图 9-6 所示。读和写文本文件的方法不限。

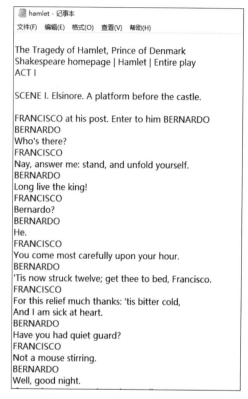

图 9-5　hamlet.txt 文件内容示意　　　　图 9-6　hamlet_cp.txt 文件内容示意

3. 编写程序，用文件方式改写第 7 章任务五，即首先将上述歌词保存到文本文件（文件名为 song.txt），然后从该文件读取歌词内容到字符串，进行单词去重。写文本文件的方法不限。

第 10 章 从 Python 2 到 Python 3

在 Python 2 环境中,我们从最基本的语法开始,逐一学习了丰富的数据类型、灵活的程序控制结构、函数、文件以及常用的算法,一步一步领略了 Python 的简单、优雅和强大。

和 Python 2 相比,Python 3 在输入输出、编码、运算和异常等方面做出了一些调整,第三方库的功能也更加强大。

10.1　任务一　搭建 Thonny 环境

Thonny 是一个适合初学者的 Python IDE,由爱沙尼亚的 Tartu 大学开发。它的安装非常方便,而且最重要的是内置自带 Python 3 解释器。

Thonny 的界面清爽简单,一目了然,十分易于上手。它和 IDLE 相比功能更强,支持语法着色,可以调试程序,安装第三方软件包非常方便容易。和其他重量级的 Python IDE 工具,例如 PyCharm、Visual Studio Code、Anaconda 等相比,它称得上是一个稍微轻量级的"小神器"。

10.1.1　任务目标

在 Windows 平台上安装 Thonny。

10.1.2　操作步骤

(1) 下载 Thonny 安装包。

Thonny 安装包下载地址为 https://www.thonny.org。打开链接,Thonny 首页界面如图 10-1 所示。

单击右上角 Windows 选项,打开如图 10-2 所示界面。

单击保存文件按钮,即可下载 Thonny 安装包程序。

(2) 安装 Thonny。

双击下载程序 thonny-3.3.6.exe,开始安装 Thonny。在图 10-3 中,单击 Next 按钮进行下一步操作,接受安装协议,按照默认路径安装。

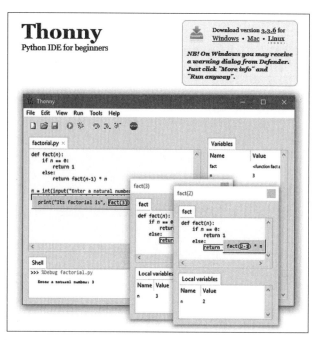

图 10-1　Thonny 首页（右上角的版本号随着软件的更新而变化）

图 10-2　保存文件

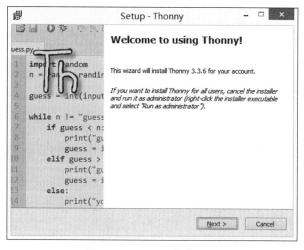

图 10-3　Thonny 安装界面

—————————— Python 程序设计任务驱动式教程

在图 10-4 中，选择创建桌面快捷方式，依提示进行下一步，继续安装。

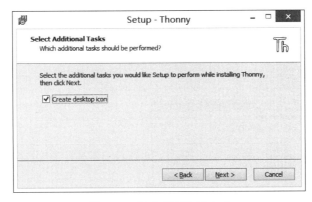

图 10-4　创建桌面快捷方式

安装完成后，双击桌面快捷方式打开 Thonny，在 Language 下拉列表中选择"简体中文"，单击 Let's go 进入 Thonny 界面，如图 10-5 所示。

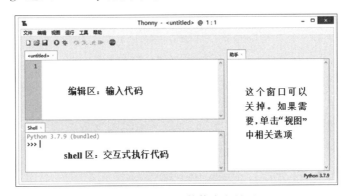

图 10-5　Thonny 简体中文界面

从图 10-5 中可看出，Thonny 这个版本内置自带 Python 3.7.9。

10.1.3　必备知识

10.1.3.1　编辑和运行程序

在图 10-5 中的编辑区输入代码，然后单击工具栏 按钮或按 F5 键运行当前脚本，结果即可显示在 Shell 区。

如图 10-6 所示，单击菜单栏"编辑"→"缩进选择的行"，可以同时缩进选中的一行代码或者多行代码；单击菜单栏"编辑"→"转为注释"，可以同时给选中的一行代码或多行代码加注释符号。

10.1.3.2　调试程序

"麻雀虽小，五脏俱全。"Thonny 虽然小，但它有比较强的调试功能。在 Thonny 中调

图 10-6 "编辑"菜单栏

试程序时,只需按 Ctrl+F5 键,就会按照程序的控制结构,一步一步地运行程序。大步按 F6 键,小步按 F7 键。调试程序的具体步骤如下。

(1)进入调试模式。

单击工具栏 ✳ 按钮或者按 Ctrl+F5,即进入调试当前脚本的模式。工具栏 ▨▨▨▨ 这四个按钮高亮显示,同时代码中自定义函数语句也高亮显示,如图 10-7 所示。

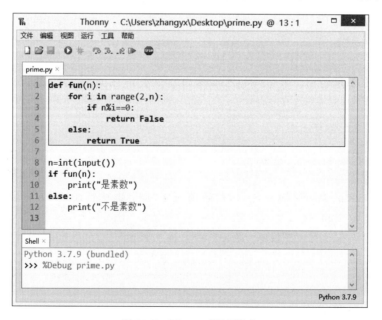

图 10-7 Thonny 调试模式

（2）单步运行语句。

![icon]：即"步过"按钮，按 F6 键可实现同样效果。表示单条语句直接执行。

例如，在图 10-7 中，单击"步过"按钮，执行完自定义函数后，跳到下一语句，如图 10-8 所示。

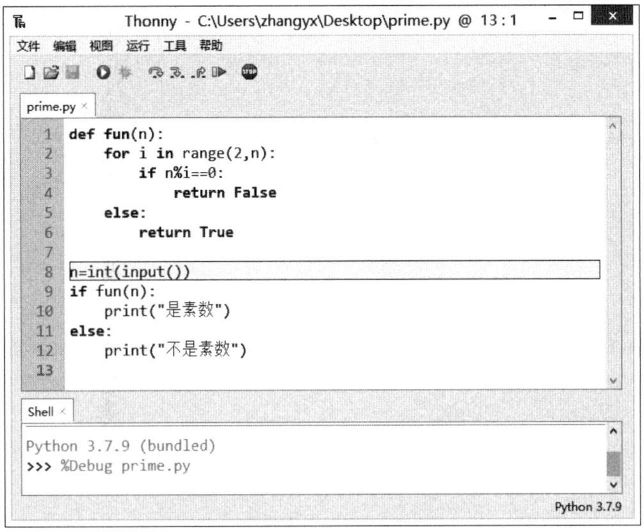

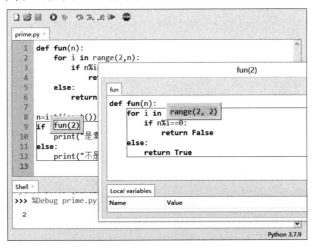

图 10-8　步过

从键盘输入一个整数，然后连续单击"步过"按钮，直至代码执行完毕。

（3）进入函数内部。

![icon]：即"步进"按钮，按 F7 键可实现同样效果。表示把一条语句以更详细的步骤来执行。例如执行自定义函数里面的每一条语句。

在图 10-7 中，连续单击"步进"按钮，可以看到每条语句的详细执行过程。进入函数之后，会新弹出一个窗口，如图 10-9 所示。

图 10-9　步进

（4）跳出函数。

![步出] ：即"步出"按钮。在图 10-9 中，单击"步出"按钮，可以跳出函数。

（5）恢复执行。

![恢复执行] ：即"恢复执行"按钮，按 F8 键可实现同样的效果。单击此按钮，可以结束单步执行模式，即剩余的语句不再一句一句的执行。

（6）运行至光标。

为了提高调试效率，可以将光标定位在某一行，选择菜单栏"运行"→"运行至光标"命令，单步运行将从光标处开始，如图 10-10 所示。

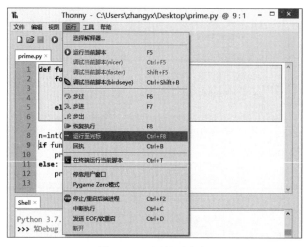

图 10-10　运行至光标

（7）查看变量。

在调试过程中，选择菜单栏"视图"→"变量"命令，可以观察每个变量在运行过程中的变化，如图 10-11 所示。

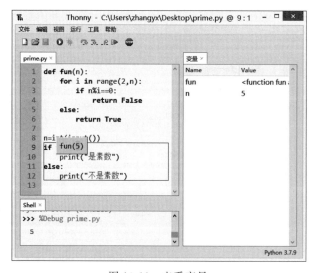

图 10-11　查看变量

10.2 任务二 拆分三位数

10.2.1 任务目标

输入一个三位自然数,输出其百位、十位和个位上的数字。例如,输入"123",则输出"1、2、3"。

10.2.2 操作步骤

(1)创建新文件。

选择"文件"→"新文件"菜单项,在编辑区输入代码,如程序段 10-1 所示。

程序段 10-1

```
n=input("请输入一个三位数: ")
n=int(n)
bw=n//100
sw=n//10%10
gw=n%10
print(bw,sw,gw)
```

(2)运行代码,结果如图 10-12 所示。

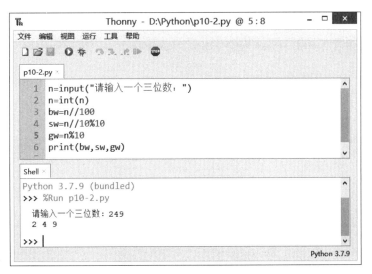

图 10-12 任务二运行结果

10.2.3　必备知识

10.2.3.1　运算符/和//

在 Python 3 中,除法运算符有两个:/和//。二者的区别如表 10-1 所示。

表 10-1　/和//

除法运算符	名　称	示　例
/	为真除法,与除法的数学含义一致	$10/5=2.0$ $12.5/5=2.5$
//	整除,对整数或浮点数进行该运算时,结果为数学除法的整数部分	$10//5=2$ $12.5//5=2.0$

10.2.3.2　输入函数 input()

input()是一个内置函数,用于接收一个标准输入数据,无论输入什么内容,该函数返回的结果均为字符串类型。

(1) 读取整数。

用 int()函数强制转换为整数类型。例如:

```
n=int(input())
```

(2) 读取浮点数。

用 float()函数强制转换为浮点数类型。例如:

```
n=float(input())
```

(3) 一行输入多个值。

输入字符串,用 split()方法分割字符串。

例如,输入用空格分隔的字符串:

```
m,n=input().split()
```

多个值的类型都为字符串,如图 10-13 所示。

例如,输入用逗号分隔的字符串:

```
m,n=input().split(',')
```

多个值的类型都为字符串,如图 10-14 所示。

(4) 列表输入。

例如,输入多个整数存入列表,整数之间用空格隔开:

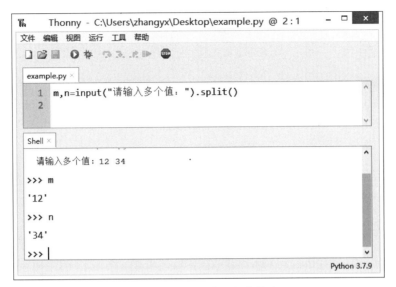

图 10-13　用空格分隔的字符串

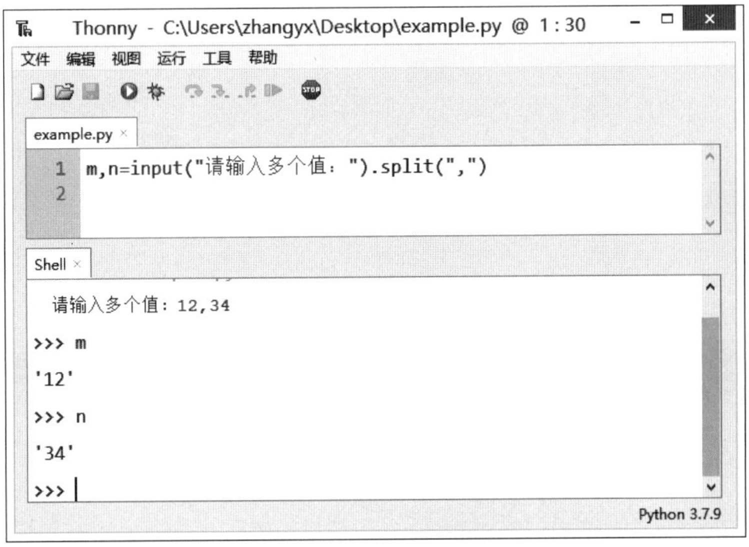

图 10-14　用逗号分隔的字符串

```
lst=list(map(int,input().split()))
```

10.2.3.3　输出函数 print( )

根据输出内容的不同，print( )函数有以下用法。

（1）仅用于输出字符串。语法格式为：

```
print(<待输出字符串>)
```

（2）仅用于输出一个或多个变量。语法格式为：

```
print(<变量 1>,<变量 2>,…,<变量 n>)
```

（3）输出指定分隔符（默认为空格），可用 sep 参数输出指定分隔符。例如：

```
print("why","python",123,sep="-")          #输出结果为 why-python-123
```

（4）print()函数默认结尾符是回车，输出最后要换行，后面的 print()另起一行输出。如果不换行，可用 end 参数指定输出结尾符号。例如：

```
print("price=",end="")
print(100)                 #输出结果为 price=100
```

（5）print()函数用槽格式和 format()方法将变量和字符串结合使用，可以输出期望的格式。语法格式为：

```
print(<输出字符串模板>.format(<变量 1>,(<变量 1>,…,<变量 n>))
```

例如：

```
pai,r=3.1415926,100
print("圆周率={},半径={},圆的面积={:.2f}".format(pai,r,pai * r ** 2))
#输出结果是：圆周率=3.1415926,半径=100,圆的面积=31415.93
```

说明：“圆周率＝{}，半径＝{}，圆的面积＝{:.2f}”是输出字符串模板；{}表示一个槽位置；{:.2f}表示输出数值取两位小数值。

10.2.3.4　eval()函数

（1）eval()函数用来执行一个字符串表达式，并返回表达式的值。语法格式为：

```
eval(<字符串>)
```

例如：

```
a=1
a=eval("a+1")      #eval()函数处理字符串内容进行运算的结果可以用变量保存
print (a)          #结果为数字 2
```

（2）如果用户希望输入一个数字并计算，可以采用如下格式：

```
eval(input(<提示性文字>))
```

例如：

```
n=eval(input("请输入要计算的数值："))
print(n * 2)
```

（3）使用 eval()函数可以将用户的部分输入由字符串转换为数字。

例如：

```
TempStr="100C"
C=(eval(TempStr[0:-1])-32) * 5/9  #字符串"100C"切片，经过 eval()函数处理变成 100
print(C)
```

10.3　任务三　模拟轮盘抽奖

轮盘抽奖是比较常见的一种游戏，在轮盘上有一个指针和一些不同颜色、不同面积的
扇形。轮盘转动的时候是随机的，停下后依靠指针所处的位置来判定是否中奖以及奖项
等级。

一等奖：范围为[0,90)。

二等奖：范围为[90,180)。

三等奖：范围为[180,225)。

四等奖：范围为[225,270)。

未中奖：范围为[270,360)。

10.3.1　任务目标

编写程序：假设本次活动 1000 人参加，模拟需要准备各等级奖品的个数。

10.3.2　操作步骤

（1）在 IDLE 中创建新文件，输入代码，如程序段 10-2 所示。

程序段　10-2

```
import random

rewardDict={
    '1.一等奖':(0,90),
    '2.二等奖':(90,180),
    '3.三等奖':(180,225),
    '4.四等奖':(225,270),
    '5.未中奖':(270,360)
    }
```

```
def rewardFun():
    """用户得奖等级"""
    #生成一个 0~359 之间的随机数
    num=random.randint(0,359)
    #判断随机转盘转的是几等奖
    for k,v in rewardDict.items():
        if v[0]<=num<v[1]:
            return k

resultDict={}

for i in range(1000):
    res=rewardFun()
    #将奖项等级和对应的人数存入字典 resultDict
    resultDict[res]=resultDict.get(res,0)+1
print('奖项\t\t数量')
for k,v in sorted(resultDict.items()):
    print('%s\t\t%s' %(k,v))
```

（2）运行程序，在 Shell 区输出奖项等级和奖品数量。如图 10-15 所示。

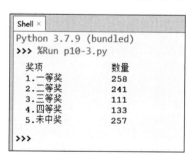

图 10-15　任务三运行结果

10.3.3　必备知识

10.3.3.1　生成随机浮点数

Python 中的 random 模块用于生成随机数。

1. random.random()

random.random()用于生成一个[0,1)内的随机浮点数。例如：

```
import random
a=random.random()
print(a)
```

2. random.uniform(a,b)

random.uniform(a,b)用于生成一个指定范围[a,b)内的随机浮点数。例如：

```
import random
print(random.uniform(10,99))
```

10.3.3.2 生成随机整数

1. random.randint(a,b)

random.randint(a,b)用于生成一个指定范围[a,b]内的随机整数。例如：

```
import random
print(random.randint(1,10))
```

2. random.randrange([start],stop,[step])

random.randrange([start],stop,[step])在指定范围内获取一个随机数。各参数说明如下。

start：表示范围的起点。这个起点包括在该范围内，默认值为 0。

stop：停止的范围点。这个点不包含在这个范围内。

step：递增值。默认值为 1。

例如：

```
import random
print(random.randrange(10,30,2))         #从[10, 12, 14, 16, … 26, 28]序列中获取
                                         #一个随机数
```

10.3.3.3 从序列中获取一个随机元素

random.choice(sequence)从序列中获取一个随机元素。参数 sequence 可以是 range()函数、列表、元组或字符串。例如：

```
import random
lst=['python','C','C++','javascript']
str1=('I love python')
print(random.choice(lst))                #从列表 lst 中获取一个随机元素
print(random.choice(str1))               #从字符串 str 中获取一个随机元素
print(random.choice(range(10, 30, 2)))   #从 range()函数中获取一个随机元素
```

10.3.3.4 随机排列

1. random.shuffle(x)

random.shuffle(x)将一个列表中的元素打乱，即将列表内的元素随机排列。例如：

```
import random
p=['A','B','C','D','E']
random.shuffle(p)
print(p)
```

2. random.sample(sequence,k)

random.sample(sequence,k)从指定序列中随机获取指定长度的片段并随机排列。

注意：sample()函数不会修改原有序列。例如：

```
import random
lst=[1,2,3,4,5]
print(random.sample(lst,4))          #随机获取 4 个元素并随机排列
print(lst)                            #原序列不变
```

10.4　任务四　海龟作图

Python 的 turtle 库是一个直观有趣的图形绘制函数库，是 Python 的标准库之一。turtle 库绘制图形的基本框架为通过一个虚拟的海龟在坐标系中的爬行轨迹绘制图形，小海龟的初始位置在绘图窗口的中央。海龟作图能够绘制一些有趣的图形，能够帮助我们理解代码的逻辑，它常被用作新手学习 Python 的一种方式。

10.4.1　任务目标

编写程序，绘制国际象棋棋盘。

10.4.2　解决步骤

（1）在 IDLE 中创建新文件，输入代码，如程序段 10-3 所示。

程序段　10-3

```
from turtle import *
speed(10)                #画笔移动速度
pensize(2)               #画笔宽度
colormode(255)           #色彩模式
bgcolor(230,230,230)     #背景颜色
penup()                  #抬笔
goto(-200,-200)          #海龟起始位置
pendown()                #落笔
```

———————————— Python 程序设计任务驱动式教程

```
for i in range(8):                  #一共 8 行
    for j in range(8):              #每行 8 个正方形
        if(i+j)%2==0:               #行+列,如果为偶数填充黑色,否则白色
            fillcolor("black")
        else:
            fillcolor("white")
        begin_fill()
        for k in range(4):          #画一个正方形
            forward(50)
            left(90)
        end_fill()
        forward(50)
    penup()
    goto(-200,-200+50 * i+50)
    pendown()

#写字
write("国际象棋棋盘",font=("隶书",30,"normal"))
```

(2) 运行程序,结果如图 10-16 所示。

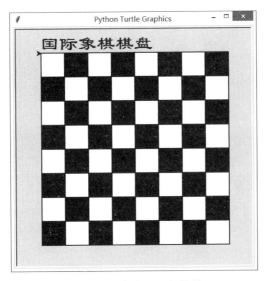

图 10-16　任务四运行结果

10.4.3　必备知识

10.4.3.1　turtle 库引入

第一种方式： import turtle。

第二种方式：from turtle import * 。

10.4.3.2　绘图窗口

在屏幕会出现一个窗口，这个是 turtle 的画布，使用的最小单位是像素。可以设置窗口初始位置及大小，语法格式为：

```
turtle.setup(width,height,startx,starty)
```

四个参数分别为窗口的宽、高、距屏幕左侧距离、距屏幕上边距离。

注意：后两个参数可以不指定，这时窗体将在屏幕中心。

例如：

```
from turtle import *
setup(600,600)
```

10.4.3.3　空间坐标体系

1. 绝对坐标

绝对坐标以屏幕为坐标系，中心位置为(0,0)，向右为 x 轴，向上为 y 轴，如图 10-17 所示。

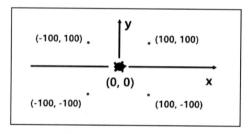

图 10-17　turtle 绝对坐标

可以移动海龟从当前位置走到(x,y)，语法格式为：

```
turtle.goto(x,y)
```

例如下面代码，其运行结果如图 10-18 所示。

```
import turtle
turtle.setup(300,300)
turtle.goto(100,0)
turtle.goto(100,100)
turtle.goto(-100,100)
turtle.goto(-100,-100)
turtle.goto(0,0)
```

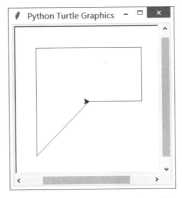

图 10-18   turtle 绝对坐标示例

2. 海龟坐标

海龟坐标以海龟本身为参考系,有前、后、前进方向左侧、前进方向右侧四个方向,如图 10-19 所示。

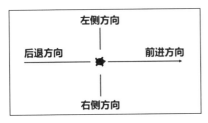 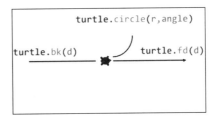

图 10-19   turtle 海龟坐标

turtle 的运动控制函数可以控制海龟走直线还是走曲线。语法格式有如下几种。

```
turtle.fd(d) 或者 turtle.forward(d)      #表示海龟向前走 d 个像素
turtle.bk(d) 或者 turtle.backward(d)     #表示海龟向后走 d 个像素
turtle.circle(r,angle)
#根据半径 r 绘制 angle 角度的弧形。当 r 值为正数时,圆心在当前位置小海龟左侧;当 r 值
为负数时,圆心在当前位置小海龟右侧。当无 angle 参数时,绘制整个圆形;当 angle 值为正
时,顺小海龟当前方向绘制;当 angle 值为负时,逆小海龟当前方向绘制
```

例如下面代码,其运行结果如图 10-20 所示。

```
from turtle import *
circle(50,180)
circle(-50,180)
circle(-100,180)
circle(-100,180)
```

10.4.3.4   角度坐标体系

turtle 角度坐标体系如图 10-21 所示。

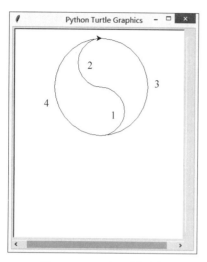

图 10-20 turtle 画圆示例

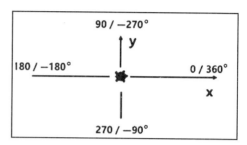

图 10-21 turtle 角度坐标体系

turtle 的方向控制函数,语法格式为:

```
turtle.seth(angle)      #以绝对坐标为参考体系,改变行进方向
turtle.left(angle)      #以海龟坐标为参考体系,向左转 angle 角度
turtle.right(angle)     #以海龟坐标为参考体系,向右转 angle 角度
```

例如下面代码,其运行结果如图 10-22 所示。

```
from turtle import *
setup(500,500)
left(45)
fd(150)
right(135)
fd(300)
left(135)
fd(150)
```

10.4.3.5 RGB 色彩模式

RGB 是红绿蓝三种颜色的颜色组合,每种颜色取值范围是 0～255 间的整数或 0～1 间的小数。

turtle 的 RGB 色彩模式表示为:

```
turtle.colormode(mode)
```

mode＝1,RGB 为小数值模式。

mode＝255,RGB 为整数值模式。

常用颜色的 RGB 值如表 10-2 所示。

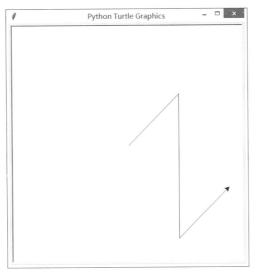

图 10-22　turtle 角度坐标体系示例

表 10-2　常用颜色

颜色	英文名称	RGB 整数值	RGB 小数值
白色	white	255,255,255	1,1,1
黄色	yellow	255,255,0	1,1,0
洋红	magenta	255,0,255	1,0,1
青色	cyan	0,255,255	0,1,1
红色	red	255,0,0	1,0,0
绿色	green	0,255,0	0,1,0
蓝色	blue	0,0,255	0,0,1
黑色	black	0,0,0	0,0,0
紫色	purple	160,32,240	0.63,0.13,0.94

10.4.3.6　turtle 画笔控制函数

```
turtle.penup()                #画笔抬起
turtle.pendown()              #画笔落下
turtle.hideturtle()           #隐藏海龟
turtle.showturtle()           #显示海龟
turtle.pensize(宽度)          #画笔宽度
turtle.pencolor(color)        #画笔颜色,color 为颜色英文名称或者 RGB 值
turtle.speed(speed)           #设置画笔移动速度,速度范围为[0,10]中的整数,
                              #数字越大,移动越快
```

```
turtle.fillcolor(colorstring)          #绘制图形的填充颜色
turtle.color(color1,color2)            #同时设置画笔颜色 color1,填充颜色 color2
```

画笔的抬起和降下一般成对存在,画笔设置后一直有效,直至下次重新设置。

例如绘制正方形,如图 10-23 所示,代码如下:

```
from turtle import *
pencolor("red")
forward(100)
seth(90)
pencolor("blue")
forward(100)
seth(180)
pencolor("yellow")
forward(100)
seth(270)
pencolor("green")
forward(100)
```

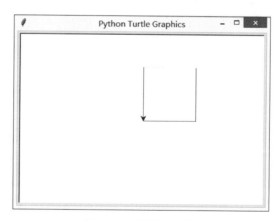

图 10-23 绘制正方形

10.5 任务五 最美不过《诗经》

《诗经》作为古代诗歌的开端著作,文字优雅典美,沁人心脾,让人如沐春风。一直以来都有"男孩取名根据楚辞,女孩取名根据诗经"的说法。对《诗经》进行中文分词和词频统计,可以看到唯美的、好听的、有寓意的词语:婉兮、零露、婉如、如云、清扬、周南、窈窕淑女、螓首蛾眉、巧笑倩兮、美目盼兮、桃之夭夭、今夕何夕、一日不见、邂逅相遇……

Python 程序设计任务驱动式教程

10.5.1　任务目标

编写程序,完成以下任务。

(1) 从《诗经》中选取 10 首诗词,整理后存放在文本文件"诗经十首.txt"中。

(2) 利用 jieba 分词,在"诗经十首.txt"文件中,统计每个两字词语和四字词语出现的次数,并按照次数降序排列,输出两字词语和四字词语出现的次数。

10.5.2　解决步骤

(1) 在 IDLE 中创建新文件,输入代码,如程序段 10-4 所示。

程序段　10-4

```python
import jieba
file=open("d://python//诗经十首.txt","r",encoding="utf-8")
s=file.read()
file.close()
words=jieba.lcut(s)   #精确模式
counts={}
for word in words:
    if len(word)==1:
        continue
    else:
        counts[word]=counts.get(word,0)+1
items=list(counts.items())
items.sort(key=lambda x:x[1],reverse=True)

print("-------------优美的两字词-------------")
for i in range(len(items)):
    word,count=items[i]
    if len(word)==2:
        print("%s\t\t%s"%(word,count))

print("-------------优美的四字词-------------")
for i in range(len(items)):
    word,count=items[i]
    if len(word)==4:
        print("%s\t\t%s"%(word,count))
```

(2) 运行程序,结果如图 10-24 所示,两字词截取了部分结果。

```
-----------优美的两字词-----------
有梅          4
庶士          4
之子          3
其实          3
静女          3
郑风          3
野有          3
蔓草          3
知子          3
绸缪          3
见此          3
如此          3
出其          3
参差          3
左右          3
硕人          3
周南          2
宜其          2
清扬          2
与子          2
鸡鸣          2
琴瑟          2
良人          2
邂逅          2
```

```
-----------优美的四字词-----------
窈窕淑女        4
桃之夭夭        3
今夕何夕        3
一日不见        3
邂逅相遇        2
搔首踟蹰        1
士曰昧旦        1
子兴视夜        1
与子偕老        1
绸缪束薪        1
三星在天        1
三星在户        1
君子好逑        1
寤寐求之        1
求之不得        1
悠哉悠哉        1
辗转反侧        1
衣锦褧衣        1
谭公维私        1
肤如凝脂        1
螓首蛾眉        1
巧笑倩兮        1
美目盼兮        1
```

图 10-24 任务五运行结果部分截图

10.5.3 必备知识

10.5.3.1 标准库和第三方库

1. 标准库

标准库是 Python 安装时默认自带的库,有 math、random、time、turtle、tkinter、os 等。标准库无须安装,只需要先通过 import 方法导入,便可使用其中的方法或函数。

2. 第三方库

Python 之所以受欢迎,不仅是因为其简单易学、容易入门,更多的是因为它有强大的第三方库。十几万个第三方库,几乎覆盖了信息技术的所有领域。

常用的第三方库有:中文文本分析 jieba、游戏开发 pgame、科学计算 NumPy、数据可视化 matplotlib、爬虫 Scrapy、网站开发 Django 等。

这些库在使用前需要先进行安装,然后用 import 方法导入。

10.5.3.2 中文分词库 jieba

中文分词,即将一个汉字序列进行切分,得到一个个单独的词。中文分词是中文信息处理的基础,如搜索引擎、机器翻译、语音合成、自动识别、自动分类、自动摘要、自动校对等,都需要用到分词。

jieba 库是一个优秀的第三方中文分词库,支持简体和繁体中文。

在 Thonny 中安装第三方库非常简单方便,安装步骤如下。

(1)选择菜单栏"工具"→"管理包...",如图 10-25 所示。

(2)在文本框输入第三方库的名称 jieba,然后单击命令按钮 Search on PyPI,如图 10-26 所示。

(3)在网络的服务器上搜索到 jieba 库的结果,单击第一项结果,如图 10-27 所示。

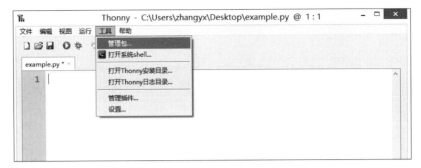

图 10-25　管理包

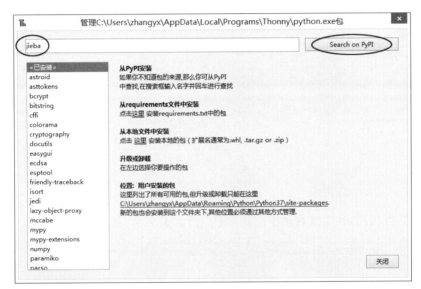

图 10-26　搜索 jieba 库

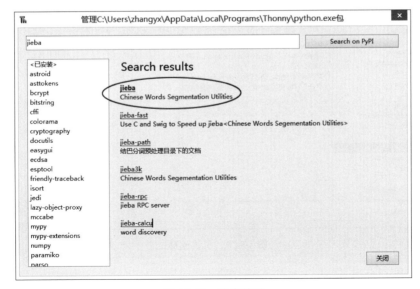

图 10-27　搜索结果

（4）显示 jieba 库的版本、作者、网站主页等信息，单击"安装"命令按钮，如图 10-28 所示。

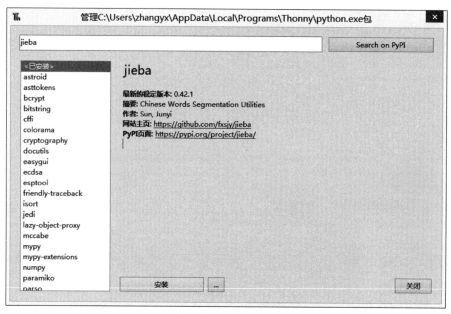

图 10-28　安装

（5）安装成功后，在左侧列表中会显示第三方库的名字，如图 10-29 所示。

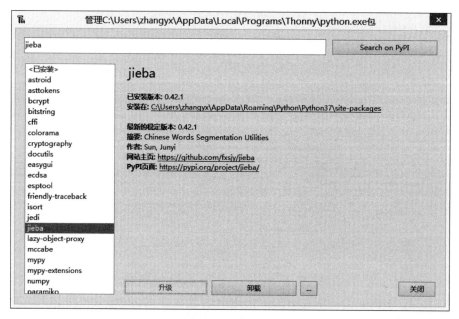

图 10-29　安装成功

（6）导入第三方库：import jieba，即可使用。

———— Python 程序设计任务驱动式教程

10.5.3.3　分词模式

jieba 库提供三种分词模式：精确模式、全模式和搜索引擎模式。

（1）精确模式：将句子精确地切开，适合文本分析。

（2）全模式：将句子中所有可能成词的词语都切分出来，可能会有歧义词，或切分出来的部分不是有意义的词。

（3）搜索引擎模式：在精确模式基础上再次切分。

可以通过 jieba 的不同方法选择不同分词模式，如表 10-3 所示。

表 10-3　jieba 库的主要方法

方　　法	说　　明	返回值
jieba.lcut(s)	精确模式，将语句划分开	列表类型
jieba.lcut(s,cut_all＝True)	全模式，输出文本 s 中所有可能的单词	
jieba.lcut_for_search(s)	搜索引擎模式，适合搜索引擎建立索引的分词结果	
jieba.cut(s)	精确模式，将语句划分开	可迭代的数据类型
jieba.cut(s,cut_all＝True)	全模式，输出文本 s 中所有可能的单词	
jieba.cut_for_search(s)	搜索引擎模式，适合搜索引擎建立索引的分词结果	
jieba.add_word(w)	向分词词典中增加新词	

例如下面代码，将"中华人民共和国是一个伟大的国家"采用三种分词模式进行划分。

```
>>>import jieba
>>>s="中华人民共和国是一个伟大的国家"
>>>jieba.lcut(s)                    #精确模式
['中华人民共和国', '是', '一个', '伟大', '的', '国家']


>>>jieba.lcut(s,cut_all=True)    #全模式
['中华', '中华人民', '中华人民共和国', '华人', '人民', '人民共和国', '共和', '共和国', '国是', '一个', '伟大', '的', '国家']
>>>jieba.lcut_for_search(s)        #搜索引擎模式
['中华', '华人', '人民', '共和', '共和国', '中华人民共和国', '是', '一个', '伟大', '的', '国家']
```

10.5.3.4　中文词频分析的步骤

（1）准备要分析的文件；

（2）读取文件；

（3）利用 jieba 库对文章进行分词；

（4）使用字典统计每个词出现的次数；

（5）将字典转换为列表，按出现的次数从高到低排序；

（6）输出结果。

10.6 任务六 豆瓣电影 Top 250

10.6.1 任务目标

从网址 https://movie.douban.com/top250 获取豆瓣电影 Top 250 的相关数据：电影名称、电影别名、网址、电影评分。

10.6.2 解决步骤

（1）在 IDLE 中创建新文件，输入代码，如程序段 10-5 所示。

程序段 10-5

```
import requests
from bs4 import BeautifulSoup
import lxml
url="https://movie.douban.com/top250"
headers={"User-Agent":"Mozilla/5.0 (Windows NT 6.3; rv:88.0) Gecko/20100101
         Firefox/88.0"}
res=requests.get(url,headers=headers)
soup=BeautifulSoup(res.text,'lxml')
for movies in soup.select('.info'):
    title=movies.select('.title')[0].text
    other=movies.select('.other')[0].text
    href=movies.select('a')[0]['href']
    score=movies.select('.rating_num')[0].text
    con=title+'\t'+other+'\t'+score+'\n'+href+'\n'
    print(con)
```

（2）运行程序，结果如图 10-30 所示。

10.6.3 必备知识

10.6.3.1 网络爬虫

用 Python 获取数据有两种方式：从文件中获取本地数据、从网络中获取网络数据。网络是大量信息的载体，网络上每天都会产生海量的数据，这些数据里面有很多有价

图 10-30　任务六运行结果部分截图

值的数据。如何有效地提取并利用这些数据成为一个巨大的挑战,网络爬虫应运而生。网络爬虫(即 Web Spider,又称为网页蜘蛛、网络机器人),是按照一定的规则,用来实现自动采集网站数据的一段程序。

1. 爬虫的本质

爬虫是一种从网络上高速提取数据的方式,本质上就是一段程序,是利用 Python 与网站进行交互,并对网站返回的结果进行分析和处理的过程。

如果把互联网比喻成一个蜘蛛网,那么爬虫就是在网上爬来爬去的蜘蛛。它实际上是在模拟浏览器,通过网页的链接地址,不停地点开一个个网页,在法律允许的范围内,从网页上获取文本或图片等数据。

这样看来,网络爬虫就是一个爬行程序,一个抓取网页的程序。网络爬虫的基本操作就是抓取网页。

网络爬虫不仅能够为搜索引擎采集网络信息,而且还可以作为定向信息采集器,定向采集某些网站中的特定信息,如采集票价信息、采集招聘网站的职位信息、采集京东淘宝的商品评论信息、采集微博信息、采集股票信息、采集一些风景图片等。

2. 爬虫的尺寸

爬虫分为小规模、中规模、大规模三种尺寸。

小规模:数据量小,爬取速度不敏感,适用于爬取网页。

中规模:数据规模较大,爬取速度敏感,适用于爬取网站。

大规模:例如搜索引擎,爬取速度很关键,属于定制开发,适用于爬取全网。

10.6.3.2　网络爬虫的工作过程

网络爬虫的工作过程主要分为爬取网页、解析网页和数据入库三个阶段。

1. 爬取网页

爬取网页的过程其实和人们使用浏览器浏览网页的过程是一样的。

浏览器的工作过程如图 10-31 所示。在浏览器中输入目标站点 URL 地址后,浏览器便向网站所在的服务器发送一个请求(Request);服务器接收到请求后,会做相应的处理,返回一个响应(Response)。这时,就可以在浏览器中看到页面内容。

图 10-31　浏览器的工作过程

在浏览器中看到的页面是由超文本解析而成的。网页的源代码是一系列 HTML 代码,里面包含了一系列标签,例如 title 定义标题、head 定义文档头部。浏览器解析渲染后便形成了我们平常看到的网页。

在浏览器中打开百度搜索引擎,在网页中单击右键,选择"检查元素"或"检查",调出浏览器的开发者工具,即可看到网页源代码,如图 10-32 所示。

图 10-32　网页源代码

在 Python 中,爬取网页的工具有 requests 第三方库和 Scrapy 框架。

2. 解析网页

获取网页源代码后,即可对原始数据进行分析、清洗,以获取需要的数据。

在 Python 中,解析网页的工具有 BeautifulSoup 库和 re 模块。

3. 数据入库

提取有效信息后,一般会将数据保存在某处,以便后续使用。保存形式多种多样,可以将数据保存为文本文件(.txt),也可以将数据保存到数据库中。

Python 程序设计任务驱动式教程

10.6.3.3　HTTP、HTML 和 URL

1. HTTP

超文本传输协议（HyperText Transfer Protocol，HTTP）是互联网上应用最为广泛的一种网络传输协议，所有的 WWW 文件都必须遵守这个标准。HTTP 基于"请求与响应模式"，即用户发出请求，服务器给予响应。

2. HTML

HTML 是一种标记语言，用标签标记内容并加以解析和区分。

浏览器的功能是将获取到的 HTML 代码进行解析，然后将原始的代码转变成我们直接看到的网站页面。

3. URL

HTTP 采用 URL 作为定位网络资源的标识符。

URL 是 Uniform Resource Locator 的缩写，译为"统一资源定位符"，也就是人们常说的网址。

URL 的一般格式为：

```
http://host[:port][path]
```

各参数解释如下。

host：合法的 Internet 主机域名或 IP 地址。

port：端口号，默认为 80。

path：请求资源的路径。

URL 是通过 HTTP 存取资源的 Internet 路径，一个 URL 对应一个数据资源。

4. HTTP 支持的请求类型

HTTP 支持的请求类型如表 10-4 所示。

表 10-4　HTTP 支持的请求类型

方　法	说　　明
GET	请求获取 URL 位置资源
HEAD	请求获取 URL 位置资源的响应消息报告，即获得资源的头部信息
POST	请求向 URL 位置的资源后附加新的消息
PUT	请求向 URL 位置存储一个资源，覆盖原 URL 位置的资源
PATCH	请求局部更新 URL 位置的资源，即改变该处资源的部分内容
DELETE	请求删除 URL 位置的资源

10.6.3.4　爬取网页

requests 是比较流行的爬取网页的第三方库，它简单、方便、人性化。爬取网页的步骤如下。

（1）在 Thonny 中安装 requests 第三方库，如图 10-33 所示。

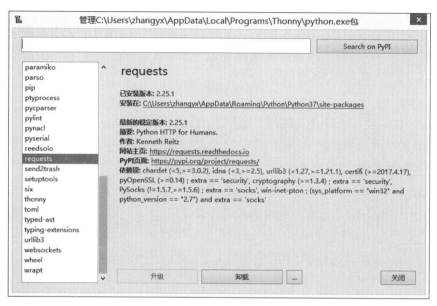

图 10-33　安装 requests 库

（2）导入安装好的 requests 库。

```
import requests
```

（3）发出 HTTP 请求，获取网页信息。

get 类型的请求比较常见，语法格式为：

```
requests.get(URL)
```

对应于 HTTP 的 get()请求，请求指定的页面信息，并返回响应事体。

例如，向百度网站发出请求的代码如下：

```
import requests
res=requests.get("https://www.baidu.com")
print(type(res))
```

例如，向北京工商大学网站发出请求的代码如下：

```
import requests
res=requests.get("https://www.btbu.edu.cn",verify=False)
print(type(res))
```

发出 HTTP 请求后，如果抛出 SSLError 异常错误，说明网站是没有经过证书认证机

Python 程序设计任务驱动式教程

构认证的网站,则需要使用参数 verify＝False,以此忽略证书认证。

（4）获取 HTTP 响应的内容。语法格式为：

对象名.属性名

response 对象的常用属性如表 10-5 所示。

表 10-5　response 对象的常用属性

属　　性	描　　述
status_code	HTTP 请求的返回状态,结果为整数,如 200 表示连接成功,404 表示连接失败,418 表示爬取的网站有反爬虫机制
text	HTTP 响应内容的字符串形式,即 URL 对应的页面内容
encoding	从 HTTP 中猜测的响应内容的编码方式
apprent_encoding	从内容中分析出的响应内容的编码方式
content	HTTP 响应内容的二进制形式

（5）爬取的网页有乱码。

例如,爬取百度网站的内容,并将爬取到的内容输出,代码如下：

```
import requests
res=requests.get("http://www.baidu.com")
print(res.status_code)
print(res.text)
```

爬取的结果如图 10-34 所示。

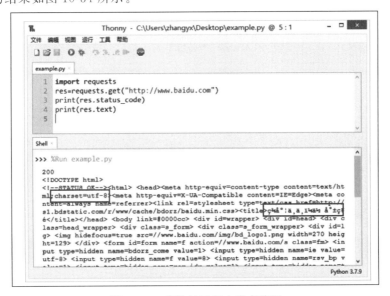

图 10-34　爬取的网页内容有乱码

其中 res.status_code 的结果为 200,表示连接成功,但是网页的源代码出现了中文乱码问题。这是因为 requests 会基于 HTTP 头部对响应的编码做出有根据的推测,当访问 res.text 时,requests 会使用其推测的编码方式,但是源网页有自己的字符编码方式,当两个编码方式不一致时,就会出现中文乱码。

解决的方法是指定两种编码方式相同。代码如下:

```python
import requests
res=requests.get("http://www.baidu.com")
print(res.status_code)
res.encoding=res.apparent_encoding
print(res.text)
```

如图 10-35 所示,中文显示正常。

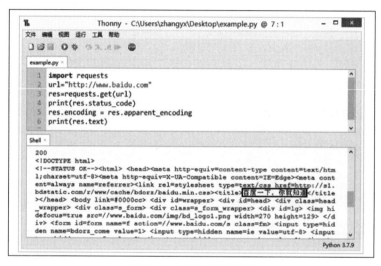

图 10-35　消除乱码问题

(6) 爬取的网页禁止爬取。

例如,爬取豆瓣网站电影排行榜的内容,并将爬取到的内容输出。

```python
import requests
url="https://movie.douban.com/chart"
res=requests.get(url)
print(res.status_code)
print(res.text)
```

爬取结果如图 10-36 所示,其中 res.status_code 的响应结果为 418,418 表示爬取的网站禁止爬取。

这个问题需要通过反爬机制来解决。headers 是解决 requests 请求反爬的一种方法,需将 headers 的 User-Agent 信息传递给 get()函数的 headers 参数,即我们要向服务器

———————— Python 程序设计任务驱动式教程

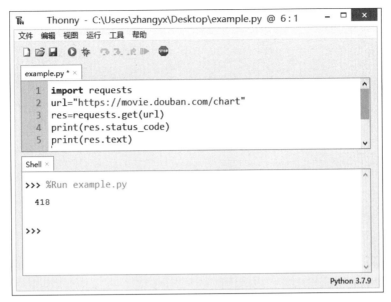

图 10-36　禁止爬取网页

发出爬虫请求，需要添加请求头：headers。

headers 在哪里找呢？

以火狐浏览器为例，打开豆瓣电影排行榜：https://movie.douban.com/chart。

在网页空白处上单击右键，在弹出的快捷菜单中选择"检查"，如图 10-37 所示。

图 10-37　豆瓣电影排行榜

　　在开发者工具中，选择"网络"工具，如图 10-38 所示。在左侧单击"网络"请求信息，右侧单击"消息头"。消息头就是 headers 的中文意思，具体的数据信息在下方，包括响应头和请求头两种，一般是看请求头。

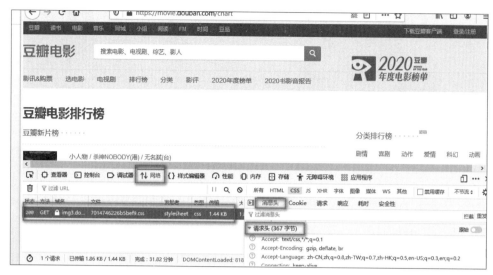

图 10-38　选择"网络"工具

headers 中有很多内容,常用的是 User-Agent 和 host,它们以键值对的形式展现,如果 User-Agent 以字典键值对形式作为 headers 的内容,就可以反爬成功,即不需要其他键值对;否则,需要加入 headers 下的更多键值对形式。

单击右键可以复制请求头的具体信息,如图 10-39 所示,单击右键复制 User-Agent 的信息。

图 10-39　复制 User-Agent 信息

将 headers 的 User-Agent 信息传递给 get()函数的 headers 参数,代码如下:

```
import requests
url="https://movie.douban.com/chart"
```

```
headers={"User-Agent":"Mozilla/5.0 (Windows NT 6.3; rv:88.0) Gecko/20100101
irefox/88.0"}
res=requests.get(url,headers=headers)
print(res.status_code)
print(res.text)
```

结果如图 10-40 所示，爬取成功。

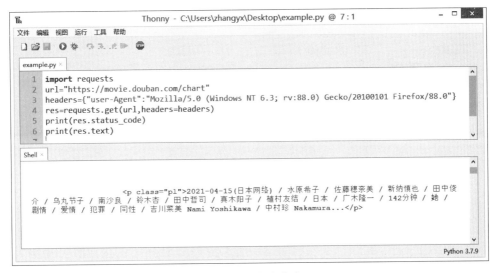

图 10-40　爬取成功

10.6.3.5　网页数据解析

BeautifulSoup 是一个第三方库，是 Python 的一个 HTML 或 XML 解析库，它可以用来解析和提取 HTML 或 XML 网页的数据。网页数据解析的步骤如下。

（1）在 Thonny 中安装 BeautifulSoup4 第三方库。

BeautifulSoup 的最新版本是 BeautifulSoup4（又称为 bs4），安装成功后在左侧列表中显示，如图 10-41 所示。

（2）在 Thonny 中安装 lxml 解析器。

BeautifulSoup 支持 Python 标准库中的 HTML 解析器（Python 默认的解析器），还支持一些第三方的解析器，lxml 解析器更加强大，速度更快，推荐使用 lxml 解析器。

安装 lxml 第三方库，如图 10-42 所示。

（3）导入安装好的 BeautifulSoup 库和 lxml 库。

```
from bs4 import BeautifulSoup
import lxml
```

（4）创建 BeautifulSoup 对象。

通过 BeautifulSoup()函数创建一个 BeautifulSoup 对象。语句格式为：

```
soup=BeautifulSoup(html)
```

其中 html 可以是 requests 请求返回的内容，也可以是本地的 HTML 文件。另外，也可以指定解析器。

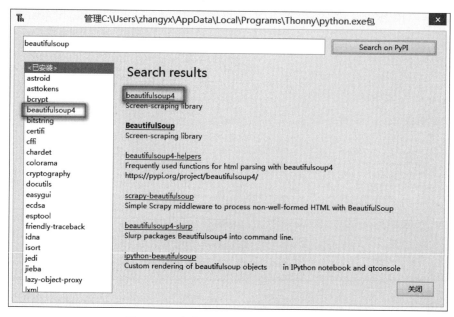

图 10-41　安装 BeautifulSoup4 第三方库

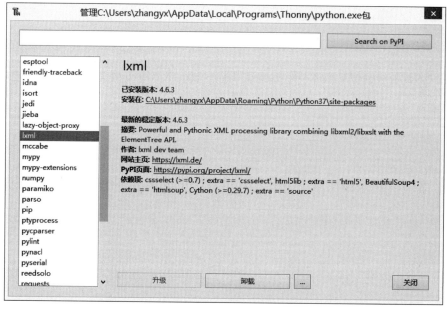

图 10-42　安装 lxml 第三方库

Python 程序设计任务驱动式教程

例如下面的代码,爬取百度网站并创建一个 BeautifulSoup 对象:

```
import requests
from bs4 import BeautifulSoup
import lxml
url="https://www.baidu.com"
res=requests.get(url)
res.encoding=res.apparent_encoding
soup=BeautifulSoup(res.text,'lxml')        #指定解析器用 lxml
print(soup.prettify)                       #prettify()函数,把 html 代码格式整理
                                           #得标准一些
```

结果如图 10-43 所示。可以看出,html 代码格式很整齐,每个标签占一行。

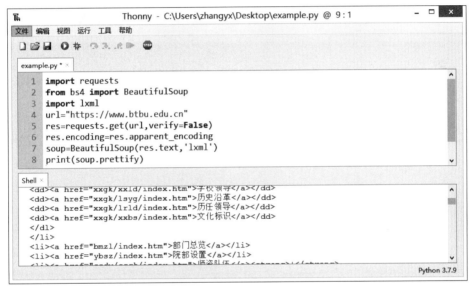

图 10-43　创建 BeautifulSoup 对象

（5）BeautifulSoup 库四大对象。

BeautifulSoup 库将复杂的 HTML 文档转换成一个复杂的树结构。每个结点都是 Python 对象,对象可以归纳为四种：Tag、NavigableString、BeautifulSoup、Comment。

① Tag 对象。Tag 就是 HTML 中的标签。可以利用 soup 加标签名获取这些标签的内容。注意,它查找的是在所有内容中的第一个符合要求的标签。例如：

```
print(soup.head)        #获取 head 标签内容
print(soup.title)       #获取 title 标签内容
print(soup.p)           #获取 p 标签内容
```

Tag 有两个重要的属性：name 和 attrs。例如：

```
print(soup.name)              #soup 对象本身比较特殊,它的 name 即为[document]
print(soup.head.name)         #对于其他内部标签,输出的值便为标签本身的名称
print(soup.p.attrs)           #获取 p 标签的属性,得到的属性为字典{}
```

② NavigableString 对象。获得标签内容后,如何获取标签内部的文字呢? 用 string 即可。

```
print(soup.title.string)
print(soup.p.string)
```

③ BeautifulSoup 对象。BeautifulSoup 对象表示的是一个文档的内容。大部分时候,可以把它当作一个特殊的 Tag,可以分别获取它的类型、名称以及属性。

```
print(type(soup.name))        #类型为<class 'str'>
print(soup.name)              #名称为[document]
print(soup.attrs)             #属性为{}
```

④ Comment 对象。Comment 是一个特殊类型的 NavigableString 对象,其输出的内容不包括注释符号。

(6) 搜索文档树 find_all()。

Tag 对象只会返回所有内容中的第一个符合要求的标签。要获取的标签如果有多个,可以利用过滤器 find_all()函数,将所有符合条件的内容以列表形式返回。它的语法格式为:

```
find_all(name, attrs, recursive, text, **kwargs)
find_all(标签,属性,递归,文本,关键词)
```

例如下面的代码,查找的是标签为"a"的所有内容:

```
import requests
from bs4 import BeautifulSoup
import lxml
url="https://www.btbu.edu.cn"
res=requests.get(url,verify=False)
res.encoding=res.apparent_encoding
soup=BeautifulSoup(res.text,'lxml')
print(soup.find_all('a'))
```

结果如图 10-44 所示。

如果想获取标签中的文字,可以用下面的代码:

```
lst=soup.find_all('a')
for i in lst:
    print(i.get_text().strip())
```

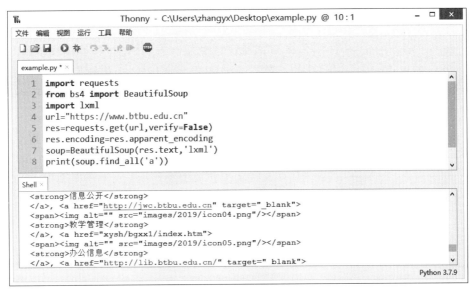

图 10-44 查找标签为"a"的所有内容

（7）搜索文档树 select() 方法。

用 CSS 选择器搜索文档树，是另一种与 find_all() 方法有异曲同工之妙的查找方法。

BeautifulSoup 支持大部分的 CSS 选择器，向 Tag 对象或 BeautifulSoup 对象的 select() 方法中传入字符串参数，选择的结果以列表形式返回，即返回类型为 list。

写 CSS 时，标签名不加任何修饰，类名前加符号"."，id 名前加符号"♯"。

① 通过标签名查找。例如：

```
print(soup.select('title'))          #输出标签 title 的内容
print(soup.select('a'))              #输出标签 a 的内容
```

② 通过类名查找。例如：

```
print(soup.select('.other'))
```

③ 通过 id 名查找。例如：

```
print(soup.select('#content'))
```

（8）网页页面内容的分析和解析。

如何把网页中的目标数据抽取出来？这需要对网页页面的内容进行分析和解析。

① HTML 标签。大多数网页实际上就是 HTML 文档。HTML 是一种标记语言，包含 HTML 标签和纯文本。脚本中由尖括号括起来的关键词就是标签。标签通常是成对出现的，如 <head> 是开始标签，</head> 则是结束标签。

html、head 和 body 是 HTML 文档的基本元素，三者共同构成了整个文档的骨架。

● html：整个文件的主体标签，所有的代码都不允许超出它的范围。

- head：页面的头部信息，用于向浏览器提供整个页面的基本信息，但是不包含页面主体内容，主要包括页面的标题、元信息、CSS 样式、JavaScript 脚本等。
- body：页面的正文，是用户在浏览器窗口中能够看到的信息，如视频、图片、表格等。在 body 中，可以包含的标签有链接标签、分区标签、表格标签等。
- a：<a>标签定义超链接，用于从一张页面链接到另一张页面。<a>标签中必须提供 href 属性或 name 属性，它指示链接的目标。
- div：<div>是网页中最常用的分区标签。它的内容会自动开始一个新行。
- table：<table>标签定义 HTML 表格，简单的 HTML 表格由 table 元素以及一个或多个 tr、th 或 td 元素组成。tr 元素定义表格行，th 元素定义表头，td 元素定义表格单元。

② HTML 标签属性。HTML 标签可以拥有属性。属性提供了有关 HTML 元素的更多的信息。属性总是以名称/值对的形式出现，如：name＝"value"。

例如，HTML 链接由<a>标签定义。链接的地址在 href 属性中指定：

```
<a href="http://www.w3school.com.cn">This is a link</a>
```

常见的通用属性有如下 4 种。
- id 属性：用于指定元素的识别名称。
- class 属性：用于指定元素的类别名称。
- title 属性：用于显示提示说明内容。
- style 属性：用于给元素指定样式。

以火狐浏览器为例，打开"豆瓣电影 Top 250"网页（http://movie.douban.com/top250），按 F12 键打开"开发者工具"页面。单击工具栏左上角的按钮 ，如图 10-45 所示。

图 10-45　开发者工具

———————— Python 程序设计任务驱动式教程

选取页面中的元素，每部电影的信息都包含在＜div＞标签中。单击页面中的电影名称、别名、评分信息等，会在 HTML 中显示对应的标签。利用这个功能，可以很快定位到目标数据所在部分的标签代码，如图 10-46 所示。

图 10-46　选取页面中的元素

例如下面代码：

```python
import requests
from bs4 import BeautifulSoup
import lxml
url="https://movie.douban.com/top250"
headers={"User-Agent":"Mozilla/5.0 (Windows NT 6.3; rv:88.0) Gecko/20100101
        Firefox/88.0"}
res=requests.get(url,headers=headers)
soup=BeautifulSoup(res.text,'lxml')
print(soup.select('div')[0].get_text())    #输出第一个<div>元素的内容
for title in soup.select('title'):          #循环遍历输出所有<title>元素的内容
    print(title.text)
```

这里只是介绍了网络爬虫最基本、最简单的一些知识。对于简单的网页而言，爬虫并非难事，只须发起 HTTP 访问，取得网页的源代码文本，从源代码文本中抽取信息。但是爬取的网站情况多样，对于较复杂的网站，爬虫就变得很难。更高级的网络爬虫需要长期的积累和足够的知识储备，不能一蹴而就。

10.7　小　　结

本章主要知识点为：
- Thonny 开发环境的使用；
- Python 3 中的输入函数 input() 的用法；
- Python 3 中的输出函数 print() 的用法；
- Python 3 中运算符"/"和"//"的区别；
- Python 3 中利用标准库 random 生成随机数；
- Python 3 中海龟作图的步骤和方法；
- Python 3 中利用第三方库 jieba 进行中文分词的基本方法；
- Python 3 中爬虫的基本概念，HTML 文档的基本知识，利用第三方库 requests 爬取网页的基本方法，利用第三方库 BeautifulSoup 解析网页的基本方法。

10.8　动手写代码

1. 从键盘输入一个学生的数学、语文、英语成绩，计算总分与平均分。平均分保留 2 位小数。

2. 从键盘输入一个数，计算它的平方根。

3. 从键盘输入圆的半径，计算圆的面积和周长。

4. 定义 3 个变量 math、chinese、english，分别存储数学、语文、英语成绩，键盘输入的数据本质是字符串，要通过 float() 函数转为实数，才能计算。计算学生的总分和平均分。平均分保留 2 位小数。

5. 按照 1 美元＝6 元人民币汇率编写一个美元和人民币的双向兑换程序。

6. 程序随机产生一个[0,300]间的整数，玩家竞猜，系统给出"猜中""太大了"或"太小了"的提示。

7. 使用 turtle 库的 turtle.right() 函数和 turtle.fd() 函数绘制一个菱形，边长为 200 像素，效果如图 10-47 所示。

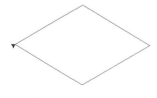

图 10-47　绘制菱形

8. 下载一篇中文文章，利用 jieba 库进行词频统计。

参 考 文 献

［1］ 赵璐. Python 语言程序设计教程［M］. 上海：上海交通大学出版社，2019.

图书资源支持

感谢您一直以来对清华版图书的支持和爱护。为了配合本书的使用，本书提供配套的资源，有需求的读者请扫描下方的"书圈"微信公众号二维码，在图书专区下载，也可以拨打电话或发送电子邮件咨询。

如果您在使用本书的过程中遇到了什么问题，或者有相关图书出版计划，也请您发邮件告诉我们，以便我们更好地为您服务。

我们的联系方式：

地　　址：北京市海淀区双清路学研大厦 A 座 714

邮　　编：100084

电　　话：010-83470236　010-83470237

客服邮箱：2301891038@qq.com

QQ：2301891038（请写明您的单位和姓名）

资源下载：关注公众号"书圈"下载配套资源。

资源下载、样书申请
书圈

获取最新书目

观看课程直播